"十二五"职业教育国家规划教材
经全国职业教育教材审定委员会审定

ASP.NET
程序设计项目教程
（第三版）

新世纪高职高专教材编审委员会 组编
主　编　宁云智　林东升
副主编　刘雄军　刘志成

大连理工大学出版社

图书在版编目(CIP)数据

ASP.NET 程序设计项目教程 / 宁云智,林东升主编.
— 3 版. — 大连:大连理工大学出版社,2014.6(2018.1重印)
新世纪高职高职网络专业系列规划教材
ISBN 978-7-5611-8552-0

Ⅰ.①A… Ⅱ.①宁… ②林… Ⅲ.①网页制作工具－程序设计－高等职业教育－教材 Ⅳ.①TP393.092

中国版本图书馆 CIP 数据核字(2014)第 021508 号

大连理工大学出版社出版

地址:大连市软件园路 80 号 邮政编码:116023
发行:0411-84708842 邮购:0411-84703636 传真:0411-84701466
E-mail:dutp@dutp.cn URL:http://dutp.dlut.edu.cn
大连雪莲彩印有限公司印刷 大连理工大学出版社发行

幅面尺寸:185mm×260mm 印张:17.5 字数:446 千字
2009 年 3 月第 1 版 2014 年 6 月第 3 版
2018 年 1 月第 6 次印刷

责任编辑:马 双 责任校对:张 瑞
封面设计:张 莹

ISBN 978-7-5611-8552-0 定 价:38.00 元
本书如有印装质量问题,请与我社发行部联系更换。

总　　序

我们已经进入了一个新的充满机遇与挑战的时代,我们已经跨入了21世纪的门槛。

20世纪与21世纪之交的中国,高等教育体制正经历着一场缓慢而深刻的革命,我们正在对传统的普通高等教育的培养目标与社会发展的现实需要不相适应的现状作历史性的反思与变革的尝试。

20世纪最后的几年里,高等职业教育的迅速崛起,是影响高等教育体制变革的一件大事。在短短的几年时间里,普通中专教育、普通高专教育全面转轨,以高等职业教育为主导的各种形式的培养应用型人才的教育发展到与普通高等教育等量齐观的地步,其来势之迅猛,发人深思。

无论是正在缓慢变革着的普通高等教育,还是迅速推进着的培养应用型人才的高职教育,都向我们提出了一个同样的严肃问题:中国的高等教育为谁服务,是为教育发展自身,还是为包括教育在内的大千社会?答案肯定而且唯一,那就是教育也置身其中的现实社会。

由此又引发出高等教育的目的问题。既然教育必须服务于社会,它就必须按照不同领域的社会需要来完成自己的教育过程。换言之,教育资源必须按照社会划分的各个专业(行业)领域(岗位群)的需要实施配置,这就是我们长期以来明乎其理而疏于力行的学以致用问题,这就是我们长期以来未能给予足够关注的教育目的问题。

众所周知,整个社会由其发展所需要的不同部门构成,包括公共管理部门如国家机构、基础建设部门如教育研究机构和各种实业部门如工业部门、商业部门,等等。每一个部门又可作更为具体的划分,直至同它所需要的各种专门人才相对应。教育如果不能按照实际需要完成各种专门人才培养的目标,就不能很好地完成社会分工所赋予它的使命,而教育作为社会分工的一种独立存在就应受到质疑(在市场经济条件下尤其如此)。可以断言,按照社会的各种不同需要培养各种直接有用人才,是教育体制变革的终极目的。

随着教育体制变革的进一步深入，高等院校的设置是否会同社会对人才类型的不同需要一一对应，我们姑且不论，但高等教育走应用型人才培养的道路和走研究型（也是一种特殊应用）人才培养的道路，学生们根据自己的偏好各取所需，始终是一个理性运行的社会状态下高等教育正常发展的途径。

高等职业教育的崛起，既是高等教育体制变革的结果，也是高等教育体制变革的一个阶段性表征。它的进一步发展，必将极大地推进中国教育体制变革的进程。作为一种应用型人才培养的教育，它从专科层次起步，进而应用本科教育、应用硕士教育、应用博士教育……当应用型人才培养的渠道贯通之时，也许就是我们迎接中国教育体制变革的成功之日。从这一意义上说，高等职业教育的崛起，正是在为必然会取得最后成功的教育体制变革奠基。

高等职业教育还刚刚开始自己发展道路的探索过程，它要全面达到应用型人才培养的正常理性发展状态，直至可以和现存的（同时也正处在变革分化过程中的）研究型人才培养的教育并驾齐驱，还需假以时日；还需要政府教育主管部门的大力推进，需要人才需求市场的进一步完善发育，尤其需要高职高专教学单位及其直接相关部门肯于做长期的坚忍不拔的努力。新世纪高职高专教材编审委员会就是由全国100余所高职高专院校和出版单位组成的、旨在以推动高职高专教材建设来推进高等职业教育这一变革过程的联盟共同体。

在宏观层面上，这个联盟始终会以推动高职高专教材的特色建设为己任，始终会从高职高专教学单位实际教学需要出发，以其对高职教育发展的前瞻性的总体把握，以其纵览全国高职高专教材市场需求的广阔视野，以其创新的理念与创新的运作模式，通过不断深化的教材建设过程，总结高职高专教学成果，探索高职高专教材建设规律。

在微观层面上，我们将充分依托众多高职高专院校联盟的互补优势和丰裕的人才资源优势，从每一个专业领域、每一种教材入手，突破传统的片面追求理论体系严整性的意识限制，努力凸现高职教育职业能力培养的本质特征，在不断构建特色教材建设体系的过程中，逐步形成自己的品牌优势。

新世纪高职高专教材编审委员会在推进高职高专教材建设事业的过程中，始终得到了各级教育主管部门以及各相关院校相关部门的热忱支持和积极参与，对此我们谨致深深谢意；也希望一切关注、参与高职教育发展的同道朋友，在共同推动高职教育发展、进而推动高等教育体制变革的进程中，和我们携手并肩，共同担负起这一具有开拓性挑战意义的历史重任。

新世纪高职高专教材编审委员会
2001年8月18日

前　言

《ASP.NET 程序设计项目教程》(第三版)是"十二五"职业教育国家规划教材、高职高专 IT 类专业优秀教材,也是新世纪高职高专教材编审委员会组编的网络专业系列规划教材之一。

随着 Internet 的普及推广,Web 开发技术得到了迅速发展,对 Web 应用程序开发人员的需求也越来越大。目前,ASP.NET 技术已经成为 Web 应用开发的主流技术之一,被广泛应用于电子商务、电子政务、远程教育、网上资源管理等领域,深受广大 Web 开发人员的欢迎。ASP.NET 全面支持面向对象的设计思想,提供了功能强大的 Web 应用程序开发模式,使 Web 应用程序开发变得更加直观、简单和高效。在 ASP.NET 中,HTML 代码和程序功能代码分离,大大提高了 ASP.NET 页面的设计效率以及程序功能代码的可阅读性、可调试性与可维护性。

为了适应软件市场上的变化,各级各类本科院校、高职院校和中职学校的计算机及相关专业都开设了"ASP.NET程序设计"这门课程,它已经成为计算机网络技术、计算机软件技术、信息管理等专业的必修课程,也成为了电子商务、多媒体技术等专业的选修课程。

本教材是编者在总结了多年软件开发实践与教学经验的基础上编写的,全书围绕一个实际的项目——网上书城,采用"项目+任务"的方法讲解了如何应用 ASP.NET 技术开发 Web 应用系统。作为"项目驱动、案例教学、理论实践一体化"教学方法的载体,本教材主要具有以下特色:

(1)准确的课程定位。根据软件企业对 ASP.NET 技术的应用现状和软件程序员职业标准,对基于 ASP.NET 的 Web 开发技术进行细分。将课程目标定位为培养掌握 ASP.NET 基本开发技术的 Web 程序员,确保课程设置和课程内容对接职业标准和岗位要求。

(2) 完整的项目教学。基于真实软件开发过程,选用典型的 Web 应用系统(网上书城)作为教学载体。教材按照真实的软件开发过程,完整地介绍了网上书城的八个主要模块的设计和实现以及各个模块的整合,将 ASP.NET 的主要对象和控件合理地分解到各个模块中予以介绍,在完成开发任务的过程中即可掌握知识的具体应用。

(3)"做中学"的教学理念。基于"理论实践一体化"教学模式,融"教、学、练、思"四者于一体。强化技能训练,提高实战能力,让学习者在反复动手的实践过程中学会应用所学知识解决实际问题。体现了"边做边学、学以致用"的教学理念。

本教材中的程序代码及相关配套资源可登录 http://www.dutpbook.com 下载。

本教材由湖南铁道职业技术学院宁云智、林东升主编,由正方软件股份有限公司刘雄军、湖南铁道职业技术学院刘志成任副主编,岳阳职业技术学院吴彬,长沙汽车工业学校石英姿、辽宁公安司法管理干部学院张莹,湖南铁道职业技术学院李蓓蓓、王娟、彭勇、冯向科、杨茜玲、王云、郭外萍、侯伟参与了部分内容的编写。阳新文同学帮助调试了部分代码,在此表示感谢。

本教材可作为高职高专院校计算机及相关专业"ASP.NET 程序设计"课程的教学用书,也可作为培训机构的培训教材。

由于时间仓促以及编者水平有限,书中难免存在疏漏之处,欢迎广大读者提出宝贵意见。

编 者

2014 年 6 月

所有意见和建议请发往:dutpgz@163.com
欢迎访问教材服务网站:http://www.dutpbook.com
联系电话:0411—84707492　84706104

单元 1　Web 技术概述	1
任务 1-1　认识静态网页与动态网页	2
任务 1-2　认识 Web 服务器与网络数据库	3
任务 1-3　四种常见动态网页技术比较	5
任务 1-4　比较 C/S 结构与 B/S 结构	8
单元小结	10
课外拓展	10
单元 2　搭建 ASP.NET 开发环境	11
任务 2-1　安装 Visual Studio 2010 集成开发环境	12
任务 2-2　架设 Web 程序的运行环境	16
任务 2-3　创建基于 C♯ 的 Web 应用程序的基本步骤	26
单元小结	31
课外拓展	31
单元 3　网上书城系统介绍	32
任务 3-1　系统概述	33
任务 3-2　系统功能模块设计	34
任务 3-3　数据库设计	40
任务 3-4　详细设计	46
单元小结	48
课外拓展	48
单元 4　使用 ADO.NET 访问数据库	49
任务 4-1　ADO.NET 概述	50
任务 4-2　数据库连接对象 Connection	52
任务 4-3　执行数据库操作命令对象 Command	57
任务 4-4　数据查询	63
任务 4-5　数据更新	71
单元小结	85
课外拓展	85

单元 5　用户注册模块设计 …… 88

  任务 5-1　认识 Page 对象 …… 90
  任务 5-2　Web 服务器控件 …… 92
  任务 5-3　数据验证控件 …… 103
  任务 5-4　设计用户注册页面 …… 112
  任务 5-5　用户注册的数据验证 …… 117
  任务 5-6　实现注册功能 …… 121
  单元小结 …… 124
  课外拓展 …… 124

单元 6　用户登录模块设计 …… 126

  任务 6-1　Response 对象 …… 127
  任务 6-2　Application 对象与 Session 对象 …… 132
  任务 6-3　用户登录的界面设计 …… 139
  任务 6-4　主　题 …… 141
  任务 6-5　实现登录功能 …… 146
  单元小结 …… 153
  课外拓展 …… 154

单元 7　网站访问计数器设计 …… 155

  任务 7-1　Server 对象 …… 156
  任务 7-2　Request 对象 …… 167
  任务 7-3　Cookie 对象 …… 171
  任务 7-4　使用计数器 …… 175
  单元小结 …… 177
  课外拓展 …… 177

单元 8　图书信息查询模块设计 …… 178

  任务 8-1　Web 控件 …… 180
  任务 8-2　图书信息查询页面设计 …… 184
  任务 8-3　实现图书信息查询功能 …… 190
  单元小结 …… 195
  课外拓展 …… 196

单元 9　图书详情浏览模块设计 …… 197

  任务 9-1　Web 控件 …… 198
  任务 9-2　图书展示界面设计 …… 214
  任务 9-3　图书展示功能实现 …… 216
  任务 9-4　用户自定义控件 …… 219

单元小结 ·· 225
  课外拓展 ·· 225

单元 10　购物车模块设计 ··· 227
  任务 10-1　设计购物车页面 ··· 229
  任务 10-2　实现购物车功能 ··· 230
  任务 10-3　购物车操作 ·· 233
  单元小结 ·· 238
  课外拓展 ·· 238

单元 11　购物结算与订单查询模块设计 ·· 239
  任务 11-1　购物结算模块 ·· 240
  任务 11-2　订单查询模块 ·· 245
  单元小结 ·· 248
  课外拓展 ·· 249

单元 12　网上书店后台管理模块设计 ··· 250
  任务 12-1　后台登录与管理主页面 ··· 252
  任务 12-2　图书管理模块 ·· 254
  任务 12-3　订单管理模块 ·· 265
  单元小结 ·· 269
  课外拓展 ·· 269

参考文献 ··· 270

单元 1　Web技术概述

● 学习目标

【知识目标】

- 了解静态网页中静态的概念
- 了解动态网页中动态的含义
- 了解 JSP/ASP/ASP.NET/PHP
- 了解 C/S 模式与 B/S 的特点

【技能目标】

- 能识别静态网页和动态网页
- 能选择合适的 Web 服务器
- 能选择合适的网络数据库

● 学习导航

网页包括静态网页(内容不发生变化)和动态网页(内容会随着某些环境而变化)。在进行动态网页开发之前,首先必须建立 Web 服务器、选择好数据库管理系统和动态网页的开发工具。本单元只是简要介绍其基本概念,Web 服务器和数据库管理系统的安装和配置的详细内容请参阅相关资料。本单元主要学习内容及在 Web 应用系统开发中的位置如图 1-1 所示。

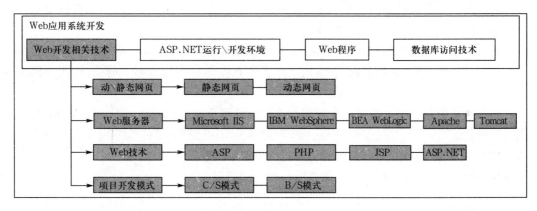

图 1-1　本单元学习导航

任务 1-1　认识静态网页与动态网页

WWW 是 World Wide Web（环球信息网）的缩写，也可以简称为 Web，中文名字为"万维网"。它起源于 1989 年 3 月，是从欧洲量子物理实验室 CERN(the European Laboratory for Particle Physics)发展出来的主从结构分布式超媒体系统。通过万维网，人们只要通过简单的方法，就可以很迅速方便地获取丰富的信息资料。由于用户在通过 Web 浏览器访问信息资源的过程中，无需再关心一些技术性的细节，而且界面非常友好，因而 Web 刚推出就受到了用户的青睐，并取得了飞速的发展。

长期以来，人们只是通过传统的媒体（如电视、报纸、杂志和广播等）获取信息。但随着计算机网络的发展，人们获取信息，已不再满足于传统媒体那种单方面传输和获取的方式，而希望有一种主观性的选择。1993 年，WWW 技术有了突破性的进展，它解决了远程信息服务中的文字显示、数据连接以及图像传递的问题，使得 WWW 成为 Internet 上最为流行的信息传播方式。现在，Web 服务器成为 Internet 上最大的计算机群，Internet 上提供的各种类别的数据库系统，如文献期刊、产业信息、气象信息、论文检索等，都是基于 WWW 技术的，通过这种方式，使得信息的获取变得非常及时、迅速和便捷。可以说，Web 使 Internet 的普及迈出了开创性的一步。

1.1.1　静态网页

静态网页是指没有后台数据库、不含程序、不可交互的网页。编写网页时选择的内容是什么它显示的就是什么，不会有任何改变。静态网页更新起来比较麻烦，适用于一般更新较少的展示型网站。

在网站设计中，纯粹 HTML 格式的网页通常被称为"静态网页"，早期的网站一般都是由静态网页制作的，通常是以.htm、.html、.shtml 等为扩展名的页面文件。但在 HTML 格式的网页上，也可以显示各种动态的效果，如.gif 格式的动画、Flash、滚动字幕等，但这些"动态效果"只是视觉上的，与下面将要介绍的动态网页是不同的概念。

静态网页的主要特点如下：
- 静态网页没有数据库的支持，网站的制作和维护方面工作量较大，因此当网站信息量很大时，完全依靠静态网页制作网站比较困难。
- 网页内容一经发布到网站服务器上，无论是否有用户访问，每个静态网页的内容都是保存在网站服务器上的，也就是说，静态网页是实实在在保存在服务器上的文件，每个网页都是一个独立的文件。
- 静态网页的每个页面都有一个固定的 URL，且网页文件以.htm、.html、.shtml 等常见形式为扩展名。
- 静态网页的内容相对稳定，因此容易被搜索引擎检索。
- 静态网页的交互性较差，在功能方面有较大的限制。

1.1.2　动态网页

动态网页是相对于静态网页而言的，是指有后台数据库、含有程序、可交互的网页，它显示的内容随着用户需求的改变而改变。

动态网页通常是以.asp、.jsp、.php、.aspx等形式为扩展名的页面文件,这里说的动态网页,与网页上的各种动画、滚动字幕等视觉上的"动态效果"没有直接关系,动态网页可以是纯文字内容的,也可以是包含各种动画内容的,这些只是网页具体内容的表现形式,无论网页是否具有动态效果,采用动态网站技术生成的网页都称为动态网页。

动态网页的主要特点如下:
- 动态网页以数据库技术为基础,大大降低了网站维护的工作量。
- 动态网页实际上并不是独立存在于服务器上的网页文件,只有当用户请求时服务器才返回一个完整的网页。
- 采用动态网页技术制作的网站可以实现更多的功能,如用户注册、用户登录、在线调查、用户管理、订单管理等。
- 搜索引擎一般不可能从一个网站的数据库中访问全部网页。

任务 1-2 认识 Web 服务器与网络数据库

1.2.1 Web 服务器

Web 服务器并不是通常提到的物理机器的服务器的概念。这里的 Web 服务器是一种软件,可以管理各种 Web 文件,并为提出 HTTP 请求的浏览器提供 HTTP 响应。

Web 服务器可以解析 HTTP 协议。当 Web 服务器接收到一个 HTTP 请求后,会返回一个 HTTP 响应,例如返回一个 HTML 页面。为了处理一个请求,Web 服务器可以返回一个静态页面,进行页面跳转,或者把动态响应的产生委托给其他的一些程序,如 CGI 脚本、JSP 脚本、Servlet、ASP 脚本、JavaScrip 等。无论它们的目的如何,这些服务器端的程序都通常产生一个 HTML 的响应让浏览器浏览。

在 UNIX 和 Linux 平台下使用最广泛的免费 Web 服务器是 W3C、NCSA 和 Apache 服务器,而 Windows NT/2000/2003 平台使用 IIS 的 Web 服务器。在选择 Web 服务器时应考虑的 Web 应用程序本身因素有:性能、安全性、日志和统计、虚拟主机、代理服务器、缓冲服务和集成应用程序等,下面介绍几种常用的 Web 服务器。

1. Microsoft IIS

Microsoft 的 Web 服务器产品为 Internet Information Server(IIS),IIS 是允许在公共 Intranet 或 Internet 上发布信息的 Web 服务器。IIS 是目前最流行的 Web 服务器产品之一,很多著名的网站都是建立在 IIS 的平台上。IIS 提供了一个图形界面的管理工具,称为 Internet 服务管理器,可用于监视配置和控制 Internet 服务。

IIS 是一种 Web 服务器组件,其中包括 Web 服务器、FTP 服务器、NNTP 服务器和 SMTP 服务器,分别用于网页浏览、文件传输、新闻服务和邮件发送等方面,它使得在网络(包括互联网和局域网)上发布信息成为一件很容易的事。它提供 ISAPI(Intranet Server API)作为扩展 Web 服务器功能的编程接口;同时,它还提供一个 Internet 数据库连接器,可以实现对数据库的查询和更新。

2. IBM WebSphere

WebSphere Application Server 是一种功能完善、开放的 Web 应用程序服务器,是 IBM

电子商务计划的核心部分。IBM WebSphere 是基于 Java 的应用环境，用于建立、部署和管理 Internet 和 Intranet Web 应用程序。

WebSphere 针对以 Web 为中心的开发人员，他们都是在基本 HTTP 服务器和 CGI 编程技术上成长起来的。IBM 提供的 WebSphere 产品系列，通过提供综合资源、可重复使用的组件、功能强大并易于使用的工具以及支持 HTTP 和 IIOP 通信的可伸缩运行环境，来帮助这些用户从简单的 Web 应用程序转移到电子商务世界。

3. BEA WebLogic

BEA WebLogic Server 是一种多功能的、基于标准的 Web 应用服务器，为企业构建自己的应用提供了坚实的基础。各种应用开发、所有关键性任务的部署，无论是集成各种系统和数据库、还是提交服务、跨 Internet 协作，起始点都是 BEA WebLogic Server。由于它具有全面的功能，对开放标准的遵从性、多层架构并且支持基于组件的开发，因此基于 Internet 的企业都选择它来开发、部署最佳的应用。

BEA WebLogic Server 在使应用服务器成为企业应用架构的基础方面仍然处于领先地位。BEA WebLogic Server 为构建集成化的企业级应用提供了稳固的基础，它以 Internet 的容量和速度，在联网的企业之间共享信息、提交服务，实现协作自动化。

4. Apache

Apache 仍然是世界上使用最多的 Web 服务器，市场占有率达 60% 左右。它源于 NCSA httpd 服务器，当 NCSA WWW 服务器项目停止后，那些使用 NCSA WWW 服务器的人们开始交换用于此服务器的补丁，这也是 Apache 名称的由来。世界上很多著名的网站都是 Apache 的产物，它的成功之处主要在于它的源代码开放、有一支开放的开发队伍、支持跨平台的应用，可以运行在几乎所有的 UNIX、Windows、Linux 系统平台上，以及它的可移植性等。

5. Tomcat

Tomcat 是一个开放源代码、运行 Servlet 和 JSP Web 应用软件的基于 Java 的 Web 应用软件容器。Tomcat Server 是根据 Servlet 和 JSP 规范来执行的，因此也可以说 Tomcat Server 也实行了 Apache-Jakarta 规范且比绝大多数商业应用软件服务器要好。

Tomcat 是 Java Servlet 2.2 和 JavaServer Pages 1.1 技术的标准实现，是基于 Apache 许可证下开发的自由软件。Tomcat 是完全重写的 Servlet API 2.2 和 JSP 1.1 兼容的 Servlet/JSP 容器。Tomcat 使用了 JServ 的一些代码，特别是 Apache 服务适配器。随着 Catalina Servlet 引擎的出现，Tomcat 第四版号的性能得到提升，使得它成为一个值得考虑的 Servlet/JSP 容器，因此目前许多 Web 服务器都采用 Tomcat。

1.2.2 网络数据库技术

数据库技术产生于 20 世纪 60 年代末 70 年代初，其主要目的是有效地管理和存取大量的数据资源。数据库技术主要研究如何存储、使用和管理数据。

近年来，数据库技术和计算机网络技术的发展相互渗透、相互促进，已成为当今计算机领域发展迅速、应用广泛的两大领域。数据库技术不仅应用于事务处理，而且进一步应用到情报检索、人工智能、专家系统、计算机辅助设计等领域。

网络数据库也叫 Web 数据库，Web 技术是促进 Internet 发展的因素之一。由静态网页技术的 HTML 到动态网页技术的 CGI、ASP、PHP、JSP 等，Web 技术经历了一个重要的变革过程。Web 已经不再局限于仅仅由静态网页提供信息服务，而改变为动态的网页，可提供交互式的信息查询服务,使信息数据库服务成为可能。Web 数据库就是将数据库技术与 Web 技术融合在一起,使数据库系统成为 Web 的重要组成部分,从而实现数据库与网络技术的无缝结合。这一结合不仅把 Web 与数据库的所有优势集合在了一起,而且充分利用了大量已有数据库的信息资源。图 1-2 是 Web 数据库的基本结构图,它由数据库服务器(Database Server)、中间件(Middle Ware)、Web 服务器(Web Server)、浏览器(Browser)4 部分组成。

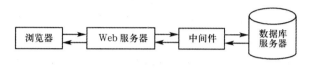

图 1-2 Web 数据库的基本结构

它的工作过程可简单地描述为:用户通过浏览器端的操作界面以交互的方式经由 Web 服务器来访问数据库。用户向数据库提交的信息以及数据库返回给用户的信息都以网页的形式显示。

任务 1-3 四种常见动态网页技术比较

1.3.1 ASP

ASP 即 Active Server Pages,它是微软公司开发的一种类似 HTML、Script(脚本)与 CGI(公用网关接口)的结合体,它没有提供自己专门的编程语言,而是允许用户使用许多已有的脚本语言编写 ASP 的应用程序。ASP 的程序编写比 HTML 更方便、灵活。它是在 Web 服务器端运行,运行后再将运行结果以 HTML 格式传送至客户端的浏览器。因此 ASP 与一般的脚本语言相比,要安全得多。

ASP 的最大好处是可以包含 HTML 标签,也可以直接存取数据库及使用无限扩充的 ActiveX 控件,因此在程序编写上要比 HTML、灵活。通过使用 ASP 的组件和对象技术,用户可以直接使用 ActiveX 控件,调用对象方法和属性,以简单的方式实现强大的交互功能。

但 ASP 技术并非完美无缺,由于它基本上局限于微软的操作系统平台之上,主要工作环境是微软的 IIS 应用程序结构,又因 ActiveX 对象具有平台特性,所以 ASP 技术不能很容易地实现在跨平台 Web 服务器上工作。

ASP 网页主要有以下特点:
- 利用 ASP 可以突破静态网页的一些功能限制,实现动态网页技术。
- ASP 文件是包含在 HTML 代码所组成的文件中的,易于修改和测试。
- 服务器上的 ASP 解释程序会在服务器端制定 ASP 程序,并将结果以 HTML 格式传送到客户端浏览器上,因此使用各种浏览器都可以正常浏览 ASP 所产生的网页。
- ASP 提供了一些内置对象,使用这些对象可以使服务器端脚本功能更强。例如可以从 Web 浏览器中获取用户通过 HTML 表单提交的信息,并在脚本中对这些信息进行处理,然后向 Web 浏览器发送信息。
- ASP 可以使用服务器端 ActiveX 组件来执行各种各样的任务,例如存取数据库、发送和接收 E-mail 或访问文件系统等。
- 由于服务器是将 ASP 程序执行的结果以 HTML 格式传回客户端浏览器,因此用户不会看到 ASP 所编写的原始程序代码,可防止 ASP 程序代码被窃取。

1.3.2 PHP

PHP 即 Hypertext Preprocessor(超文本预处理器),是一种 HTML 内嵌式的语言,PHP 与微软的 ASP 颇有几分相似,都是一种在服务器端执行的嵌入 HTML 文档的脚本语言,语言的风格类似于 C 语言,目前被网站编程人员广泛地运用。

PHP 独特的语法混合了 C 语言、Java、Perl 以及 PHP 自创的语法。它可以比 CGI 或者 Perl 更快速地执行动态网页。与其他的编程语言相比,PHP 做出的动态网页是将程序嵌入到 HTML 文档中去执行,执行效率比完全生成 HTML 标记的 CGI 要高许多。与同样是嵌入 HTML 文档的脚本语言 JavaScript 相比,PHP 在服务器端执行,充分利用了服务器的性能。PHP 执行引擎还会将用户经常访问的 PHP 程序驻留在内存中,其他用户再一次访问这个程序时就不需要重新编译程序了,只要直接执行内存中的代码就可以了,这也是 PHP 高效率的体现之一。

PHP 具有非常强大的功能,所有的 CGI 或者 JavaScript 的功能它都能实现,而且支持几乎所有流行的数据库以及操作系统。PHP 提供了标准的数据库接口,数据库连接方便,兼容性强;扩展性强;可以进行面向对象编程。

PHP 的主要特点如下:
- 开放的源代码:所有的 PHP 源代码事实上都可以得到。
- PHP 是免费的。
- 基于服务器端:由于 PHP 是运行在服务器端的脚本,可以运行在 UNIX、Linux、Windows 环境下。
- 嵌入 HTML:因为 PHP 可以嵌入 HTML 语言,所以学习起来并不困难。
- 简单的语言:PHP 坚持以脚本语言为主,与 Java 和 C++不同。
- 效率高:PHP 消耗相当少的系统资源。
- 图像处理:用 PHP 可以动态创建图像。

1.3.3 JSP

JSP 即 Java Server Pages,它是由 Sun Microsystem 公司于 1999 年 6 月推出的新技术,JSP 技术有点类似于 ASP 技术,它是在传统的 HTML 网页文件(*.htm,*.html)中插入 Java 程序段(JavaScript),从而形成 JSP 文件(*.jsp)。

JSP 和 ASP 在技术方面有许多相似之处,不过两者来源于不同的技术规范组织,因此 ASP 一般只应用于 Windows NT/2000 平台,而 JSP 则可以在 85%以上的服务器上运行。JSP 将网页逻辑与网页设计和显示分离,支持可重用的基于组件的设计,使基于 Web 的应用程序的开发变得迅速且容易。

Web 服务器在遇到访问 JSP 网页的请求时,首先执行其中的程序段,然后将执行结果连同 JSP 文件中的 HTML 代码一起返回给客户。插入的 Java 程序段可以操作数据库、重新定向网页等,以实现建立动态网页所需要的功能。JSP 与 Java Servlet 一样,是在服务器端执行的,通常返回给客户端的只是一个 HTML 文本,因此客户端只要有浏览器就能浏览。

自 JSP 推出后,众多大公司都开发支持 JSP 技术的服务器,如 IBM、Oracle、Bea 公司等,所以 JSP 迅速成为商业应用的服务器端语言。

JSP 的主要特点如下：
- 一次编写，到处运行。在这一点上 Java 比 PHP 更出色，除了系统之外，代码不用做任何更改。
- 系统的多平台支持。基本上可以在所有平台上的任意环境中开发，在任意环境中进行系统部署，在任意环境中扩展。相比之下，ASP 和 PHP 的局限性是显而易见的。
- 强大的可伸缩性。从只有一个小的 Java 文件就可以运行 Servlet/JSP，到由多台服务器进行集群和负载均衡，到多台 Application 进行事务处理、消息处理，一台服务器到无数台服务器，Java 显示出了巨大的生命力。
- 多样化和功能强大的开发工具支持。这一点与 ASP 很像，Java 已经有了许多非常优秀的开发工具，而且许多可以免费得到，并且可以顺利地运行于多种平台之下。

1.3.4 ASP.NET 4.0

ASP.NET 不是 Active Server Pages(ASP)的一个简单升级版本，而是一种建立在通用语言上的程序构架，可用于在一台 Web 服务器上来建立强大的 Web 应用程序。ASP.NET 具有许多比现在的 Web 开发模式更强大的优势。

ASP.NET 构架可以用 Microsoft 公司最新的产品 Visual Studio.NET 开发环境进行开发，这是一种所见即为所得的编辑环境。

1. ASP.NET 4.0 的新特性

在 Microsoft.NET Framework 4.0 中，ASP.NET 已经得到改进，建立网站和网页并维持其运行比以前更简单，代码量比以前更少。ASP.NET 4.0 的新特性主要包括以下几个方面。

(1) 公共语言运行时（CLR）和基类库（BCL）的改进

性能改进，包括更好的多核心支持、后台垃圾回收和服务器上的探查器附加。新的内存映射文件和数字类型。更轻松的调试，包括转储调试、Watson 小型转储、64 位的混合模式调试和代码协定。

(2) 可扩展性强

很多 ASP.NET 功能都可以扩展，这样可以轻松地将自定义功能集成到应用程序。

(3) 性能更优

使用预编译、可配置的缓存和 SQL 缓存失效等功能，可以优化 Web 应用程序的性能。

(4) Windows 工作流（WF）的改进

利用这些改进，开发人员能够更好地承载工作流并与其进行交互。这些改进包括：改进的活动编程模型、改进的设计器体验、新的流程图建模样式、展开的活动面板、工作流规则集成和新的消息相关功能。显著提高了基于 WF 的工作流的性能。

2. ASP 与 ASP.NET 的不同

(1) 开发语言不同

在 ASP 网页设计中，都是由 JavaScript 或 VBScript 这些简化过的编程语言来编写，这些简化过的语言属于弱类型、面向结构的编程语言，而不是面向对象的语言。ASP.NET 是使用面向对象语言 VB.NET 或 C#语言来编程。

(2) 语言运行机制不同

ASP 是解释型的语言，执行 ASP 代码的时候，脚本解释器是按编写的顺序一行一行来执行的,这样导致的结果是不方便实现模块化编程,往往还要花多余的时间来推敲代码放在什么位置。ASP.NET 就不同了,由于使用编译型的语言,代码是经过一次性编译后执行的,同时,结合相关的事件模型,真正实现了面向对象的封装性,即把功能模块封装在一个类中,要使用的时候就调用它。

(3) 开发方式不同

ASP 把界面设计和程序设计混在一起,维护困难。ASP.NET 把界面设计和程序设计以不同的文件分离开,复用性和维护性都得到了提高。

任务 1-4 比较 C/S 结构与 B/S 结构

1.4.1 C/S 结构

C/S 结构全称为 Client/Server,即客户/服务器模式。C/S 结构的系统分为两个部分:客户机和服务器。应用程序也分为服务器端程序和客户端程序。服务器程序负责管理和维护数据资源,并接收客户机的服务请求(例如数据查询或更新等),向客户机提供所需的数据或服务。对于用户的请求,如果客户机能够满足就直接给出结果;反之则交给服务器处理。该结构模式可以合理均衡地处理事务,充分保证数据的完整性和一致性。

客户端应用软件一般包括用户界面、本地数据库等。它面向用户,接收用户的应用请求,并通过一定的协议或接口与服务器进行通信,将服务器提供的数据等资源经过处理后提供给用户。当用户通过客户机向服务器发出数据访问请求时,客户端将请求传送给服务器,服务器对该请求进行分析、执行,最后将结果返回给客户端,显示给用户。客户端的请求可采用 SQL 语句,或直接调用服务器上的存储过程来实现。服务器将运行的结果发送给客户机,客户机和服务器之间的通信通过数据库引擎(例如 ODBC 引擎、OLEDB 引擎)来完成,数据库一般采用大型数据库(例如 SQL Server、Oracle 等)。C/S 模式的结构模型如图 1-3 所示。

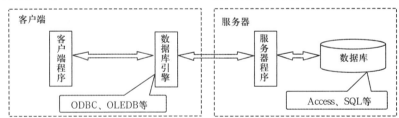

图 1-3 C/S 模式的结构模型示意图

C/S 结构模式能够在网络环境下完成数据资源的共享,提供了开放的接口,在客户端屏蔽掉了后端的复杂性,使客户端的开发、使用更加容易和简单,适合管理信息系统的一般应用,但 C/S 结构模式也存在许多不足,主要体现为以下几点:

(1) C/S 结构模式只能适用于中、小规模的局域网,对于大规模的局域网或广域网不能很好地胜任。

(2) 开发成本高,C/S 结构对客户端软硬件要求较高,尤其是软件的不断升级换代,对硬件要求不断提高,增加了整个系统的成本。

(3) 当系统的用户数量增加时,服务器的负载急剧增加,使系统性能明显下降。

(4) 移植困难,不同开发工具开发的应用程序,一般兼容性差,不能移植到其他平台上运行。

(5) 系统管理和维护工作较困难,不同客户机安装了不同的子系统软件,用户界面风格不一致,使用起来繁杂。

1.4.2 B/S 结构

随着 Internet 不断普及,以 Web 技术为基础的 B/S 模式正日益显现其优越性,当今很多基于大型数据库的信息管理系统采用这种全新的结构模式。B/S 结构全称为 Browser/Server,即浏览器/服务器模式。

1. B/S 结构模式的工作原理

B/S 结构由浏览器、Web 服务器、数据库服务器三个层次组成。这种模式中,客户端使用一个通用的浏览器,代替了各种应用程序软件,用户的所有操作都是通过浏览器进行的。该结构的核心是 Web 服务器,它负责接收本地或远程的 HTTP 查询请求,然后根据查询条件到数据库服务器中提取相关数据,再将查询结果翻译成 HTML,传回提出查询请求的浏览器。同样,浏览器也会将更改、删除、新增数据记录的请求传到 Web 服务器,由 Web 服务器完成相关工作。B/S 模式的结构模型如图 1-4 所示。

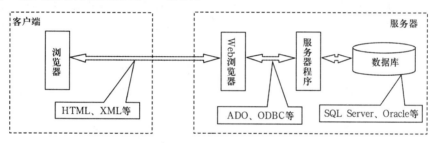

图 1-4 B/S 模式的结构模型示意图

2. B/S 结构模式的优点

(1) 使用简单:用户使用单一的 Browser 软件,操作方便,易学易用。

(2) 维护方便:应用程序都放在 Web 服务器端,软件的开发、升级与维护只在服务器端进行,减少了开发与维护的工作量。

(3) 对客户端硬件要求低:客户端只需安装一种 Web 的浏览器软件(例如微软公司的 IE 浏览器)。

(4) 能充分利用现有资源:B/S 结构采用标准的 TCP/IP、HTTP 协议,可以与现有 Intranet 网很好地结合。

(5) 可扩展性好:B/S 结构可直接通过 Internet 访问服务器。

(6) 信息资源共享程度高:Intranet 网中的用户可方便地访问系统外资源,Intranet 外的用户也可访问 Intranet 网内的资源。

1.4.3 C/S 结构与 B/S 结构的比较

B/S 与 C/S 体系结构相比,C/S 是建立在局域网的基础上的,而 B/S 是建立在广域网的基础上的,虽然 B/S 体系结构在电子商务、电子政务等方面得到了广泛的应用,但并不是说 C/S 结构没有存在的必要。相反,在某些领域中 C/S 结构还将长期存在,下面对 C/S 结构和 B/S 结构进行简单的比较。

(1) 支撑环境。C/S 一般建立在专用的网络上，用于小范围内的网络环境，局域网之间再通过专门服务器提供连接和数据交换服务；B/S 建立在广域网之上，不必有专门的网络硬件环境，例如可以电话上网，租用设备。信息自己管理，有比 C/S 更强的适应范围，一般只要有操作系统和浏览器就行。

(2) 安全控制。C/S 一般面向相对固定的用户群，对信息安全的控制能力很强。一般高度机密的信息系统适宜采用 C/S 结构；B/S 建立在广域网之上，对安全的控制能力相对弱，面向不可知的用户群，可以通过 B/S 发布部分可公开信息。

(3) 程序架构。C/S 程序可以更加注重流程，可以对权限多层次校验，对系统运行速度可以较少考虑；B/S 需要对安全以及访问速度做多重的考虑，需要建立在更加优化的基础之上，比 C/S 有更高的要求，B/S 结构的程序架构呈发展的趋势。Microsoft 公司的.NET 系列以及 SUN 和 IBM 推出的 JavaBean 构件技术将使 B/S 更加成熟。

(4) 软件重用。C/S 程序侧重于整体性考虑，构件的重用性不是很好；B/S 一般采用多重结构，要求构件有相对独立的功能，能够相对较好地重用。

(5) 系统维护。由于 C/S 程序具有整体性，必须整体考察，处理出现的问题以及系统升级都比较难，一旦升级，可能要求开发一个全新的系统；B/S 程序由构件组成，通过构件个别地更换，可以实现系统的无缝升级，将系统维护开销减到最小，用户从网上自己下载安装就可以实现升级。

(6) 用户接口。C/S 多是建立在 Windows 平台上，表现方法有限，对程序员普遍要求较高；B/S 建立在浏览器上，具有更加丰富和生动的表现方式与用户交流，并且大部分难度较低，降低了开发成本。

(7) 信息流。C/S 程序一般采用典型的集中式的机械式处理，交互性相对低；B/S 信息流向可变化。如电子商务的 B-B、B-C 和 B-G 等信息，流向的变化很多。C/S 结构与 B/S 结构各有优势，在相当长的时期内二者将会共存。

单元小结

本单元主要学习了如下内容：
- 静态网页和动态网页：包括静态网页的特点和动态网页的特点。
- Web 服务器和网络数据库：包括 Web 服务器概念和网络数据库技术。
- JSP 与 ASP、PHP、ASP.NET：包括 JSP 的特点和 ASP 的特点、PHP 的特点、ASP.NET 的特点。
- C/S 结构与 B/S 结构：包括 C/S 结构的模型和特点、B/S 结构的模型和特点。

课外拓展

1. 访问"中国互动出版网"(http://www.china-pub.com/)、"当当网"(http://dangdang.com/)、"卓越网"(http://www.amazon.cn/)，体验网上售书和网上买书的过程。

2. 如果您身边的弘道书店需要建立一个名为 HongDaoBook 的网站来实现网上售书，请根据弘道书店图书销售情况从操作系统、Web 服务器、数据库管理系统角度考虑，确定开发该网站的方案，并请说明理由。

单元2 搭建ASP.NET开发环境

● 学习目标

【知识目标】

- 掌握 IIS 的安装与配置
- 掌握虚拟目录的设置
- 掌握 Visual Studio 2010 的安装
- 熟悉 ASP.NET 集成开发环境的应用

【技能目标】

- 能搭建 ASP.NET 项目的开发环境
- 能熟练使用 ASP.NET 集成开发环境
- 学会编写简单的 ASP.NET 程序

● 学习导航

本单元主要学习内容及在 Web 应用系统开发中的位置如图 2-1 所示。

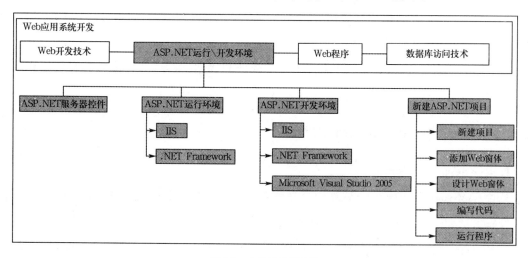

图 2-1 本单元学习导航

任务 2-1　安装 Visual Studio 2010 集成开发环境

2.1.1　ASP.NET 简介

ASP.NET 是对传统 ASP 技术的重大升级和更新，它的设计初衷是解决 ASP 程序开发的"复杂"、"烦琐"等问题。ASP.NET 彻底抛弃了脚本语言，而使用编译式语言，为开发者提供更加强有力的编程资源，允许用服务器端控件取代传统的 HTML 元素并充分支持事件驱动机制。ASP.NET 是建立在.NET Framework 的公共语言运行库上的编程框架，可用于在服务器上生成功能强大的 Web 应用程序。与 ASP 相比，ASP.NET 具有以下优点。

（1）支持多语言开发

支持多语言开发是 ASP.NET 的重要新特性之一，主要表现在所支持的编程语言种类多和单个语言功能强两个方面。利用 ASP.NET 开发 Web 项目，无论使用何种语言编写程序，都将被编译为中间语言。所以设计者可以选择一种自认为最适合的语言来编写程序，或者用多种语言编写程序。目前 ASP.NET 支持的语言有 VB.NET、C#、VC++及 Java Script 等，另外还有一些第三方语言如 Cobol、Pascal、Perl 等。

（2）代码分离

在 ASP 中，一个 Web 页面是混合使用 HTML 与脚本代码形成的。这种混合增加了程序代码的阅读、调试和维护难度。而在 ASP.ENT 中，HTML 代码与程序代码分离，大大提高了ASP.NET 页面的设计效率以及程序代码的可阅读性、可调试性与可维护性。

（3）增强的性能

ASP.NET 程序是在服务器上运行的编译好的公共语言运行库（CLR）代码，不像 ASP 那样解释执行，因而与 ASP 相比，执行效率大大提高。

除了以上优点外，ASP.NET 还支持服务器控件和 Web 服务，具有更高的安全性和良好的可伸缩性等。

2.1.2　安装 Visual Studio 2010

1. 运行 Setup.exe 程序文件

把含有 Visual Studio 2010 软件的光盘放入到计算机的光驱中，运行其中的 Setup.exe 程序文件将出现如图 2-2 所示的软件安装界面。

图 2-2 Visual Studio 2010 软件安装界面

2. 安装向导

单击【安装 Microsoft Visual Studio 2010】链接，将出现如图 2-3 所示的安装向导界面，此时安装程序正在加载安装组件，加载完毕便可单击【下一步】按钮。

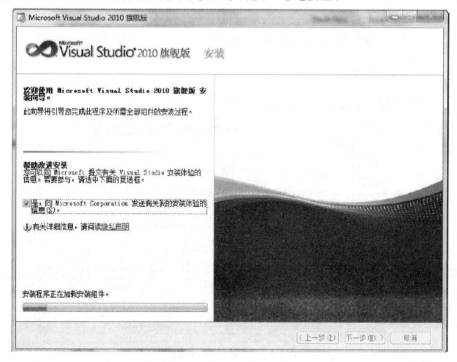

图 2-3 Visual Studio 2010 软件安装向导界面

3. 选项页

单击图 2-3 中【下一步】按钮后，依次按提示逐步安装，打开如图 2-4 所示的选项页。

图 2-4　安装程序选项页

4. 选择要安装的功能

单击图 2-4 中【下一步】按钮即打开图 2-5 所示的选择要安装的功能页，根据需要选择后单击右下角的【安装】按钮，即进入图 2-6 所示的安装页，安装过程中会提示重启计算机，重启后自动继续安装，直到安装成功，出现图 2-7 所示的成功安装完成页，单击【完成】按钮后可继续安装产品文档，在此不做讲解，请读者自学完成。

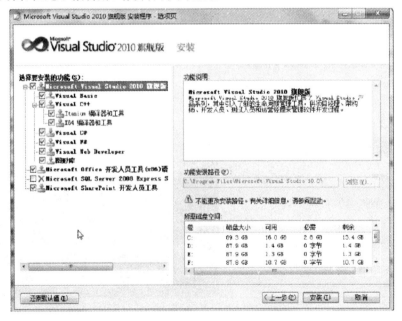

图 2-5　选择要安装的功能页

图 2-6　安装程序安装页

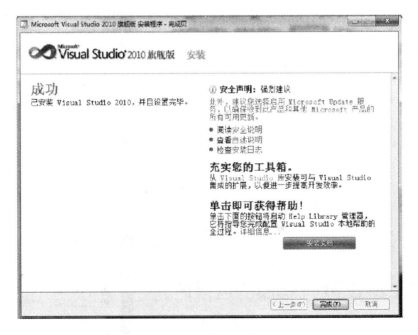

图 2-7　安装完成页

5. 启动 Visual Studio 2010

单击【开始】|【所有程序】|【Microsoft Visual Studio 2010】菜单,即可运行该软件,首次运行 Visual Studio 2010,出现【选择默认环境设置】对话框,选择【Visual C#开发设置】,再单击【启动 Visual Studio】按钮即打开如图 2-8 所示的 Visual Studio 2010 主界面,这表示已经成功建立了用于软件开发的集成开发环境(IDE)。

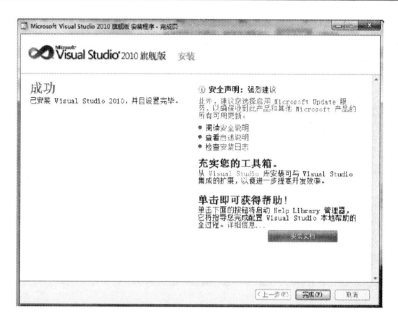

图 2-8　Visual Studio 2010 主界面

2.1.3　ASP.NET 的服务器控件简介

ASP.NET 的服务器控件主要有：标签控件 Label 和 Literal，按钮控件 Button、LinkButton 和 ImageButton，文本框控件 TextBox，图像控件 Image，超链接控件 HyperLink，复选框控件 CheckBox，单选按钮控件 RadioButton，列表控件 DropDownList、ListBox，容器类控件 Panel，验证控件等。这些控件将在以后各章通过实例进行介绍。

本节首先介绍 Label 控件。Label 控件用来在 Web 窗体上显示静态文本，要显示的具体内容通过其 Text 属性来设置。在 Web 页面中添加 Label 控件的操作过程是：在如图 2-9 所示的工具箱中单击 Label 控件按钮，按住鼠标左键，将其拖曳到设计区然后释放鼠标左键即可。

任务 2-2　架设 Web 程序的运行环境

2.2.1　安装与配置 IIS

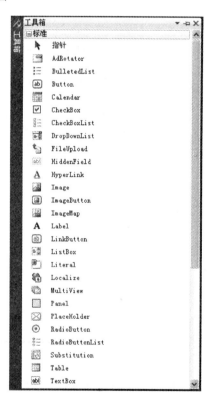

图 2-9　工具箱中的 Web 控件

IIS(Internet Information Server)是 Internet 信息服务器的简写，通常称之为 Web 服务器。IIS 是一个功能强大的 Internet 信息服务系统，是 Windows 服务器操作系统中集成的最重要的 Web 技术。它的可靠性、安全性和可扩展性都非常好，并能很好地支持多个 Web 站点，是用户首选的 Web 服务器。IIS 提供了最简捷的方式来共享信息、建立并部署企业应用程序，以及建立和管理 Web 上的网站，通过 IIS 用户可以轻松地测试、发布、应用和管理自己的 Web 站点。要开发或部署 ASP.NET 项目,必须要配置好 IIS 服务器。IIS 为 Windows 的一个组件,若采用默认设置安装操作系统(非服务器版操作系统),则 IIS 无法被安装,必须通过添加 Windows 组件来安装;若采用完整安装操作系统,则 IIS 被安装。下面来介绍 IIS 服务器的安装方法。

1. 安装 IIS 服务器

Internet 信息服务为用户提供了一种可以添加和配置 Web 站点、Web 文件夹和文件的方法。用 ASP.NET 开发的网站要通过 Internet 信息服务系统来访问。IIS 的主要功能是,为响应使用者的请求,将所要浏览的网页内容传输给使用者;管理及维护 Web 站点和 FTP 站点;提供 SMTP 虚拟服务器。下面将介绍 Windows XP 操作系统中 IIS 的安装。具体安装 IIS 服务器的步骤如下:

(1)将 Windows XP 操作系统光盘放到光盘驱动器中。

(2)依次选择【开始】|【设置】|【控制面板】选项,打开"控制面板"窗口,双击【添加或删除程序】图标,打开"添加或删除程序"窗口,如图 2-10 所示。

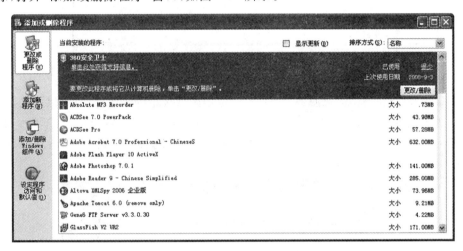

图 2-10 "添加或删除程序"窗口

(3)在"添加或删除程序"窗口中,单击左侧的【添加/删除 Windows 组件】图标打开"Windows 组件向导"对话框,如图 2-11 所示。

图 2-11 "Windows 组件向导"对话框

（4）在"Windows 组件向导"对话框中，选中"Internet 信息服务（IIS）"复选框，然后单击【详细信息】按钮，打开"Internet 信息服务（IIS）"对话框，如图 2-12 所示。

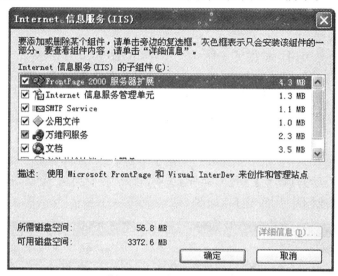

图 2-12 "Internet 信息服务（IIS）"对话框

（5）可以采用"Internet 信息服务（IIS）"对话框中默认选中的子组件，也可以自己定义子组件，在不熟练的情况下建议采用默认设置，此处要注意不同的操作系统会有所不同。单击【确定】按钮返回到"Windows 组件向导"对话框，再单击【下一步】按钮开始安装 IIS 服务器。如图 2-13 所示。

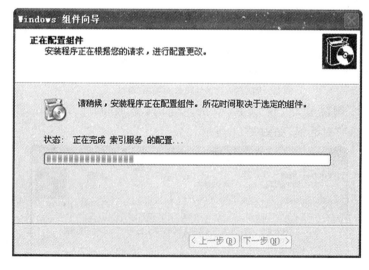

图 2-13 "正在配置组件"对话框

（6）单击【完成】按钮，完成 IIS 服务器的安装。

2. 配置 IIS 服务器

IIS 服务器安装完成后，还需要进行一定的设置，这样才能使服务器在最优的环境下运行，配置 IIS 服务器的具体步骤如下：

（1）选择【开始】|【设置】|【控制面板】|【管理工具】|【Internet 信息服务】选项，打开"Internet 信息服务"窗口，如图 2-14 所示。

图 2-14 "Internet 信息服务"窗口

(2)单击左边窗格中的折叠符号 ⊞,展开折叠项目如图 2-15 所示。若"默认网站"分支后面有"停止",则表示此 IIS 服务器处于停止状态,可以单击工具栏上的【启动】按钮 ▶,启动 IIS 服务器,也可右击"默认网站"图标,在打开的快捷菜单中选择"启动"命令来启动。

图 2-15 展开的"Internet 信息服务"窗口

(3)在"Internet 信息服务"窗口中,右击"默认网站"图标,在打开的快捷菜单中选择"属性"命令,打开"默认网站 属性"对话框,如图 2-16 所示。

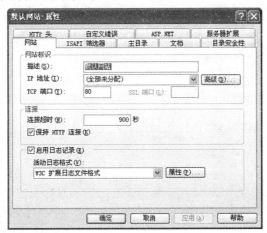

图 2-16 "默认网站 属性"对话框

(4)设置 IP 地址与 TCP 端口

在"默认网站 属性"对话框的"网站"选项卡中,可以设置服务器的 IP 地址和 TCP 端口,IP 地址是用来访问此服务器的地址,一般采用默认值;TCP 端口默认值为 80,可以通过使用不同的端口在同一个 IIS 服务器上配置多个项目。

(5)设置主目录

切换到"默认网站 属性"对话框的"主目录"选项卡,如图 2-17 所示。在此选项卡中可以设置 IIS 服务器的主目录,单击【浏览】按钮可以选择新的主目录。建议不要采用默认的主目录,设定主目录之后,新建的项目都将保存在主目录之下,因此要特别注意主目录的路径。

图 2-17 "默认网站 属性"对话框的"主目录"选项卡

(6)设置默认文档

若将主页文件设置为默认文档,则在访问时不写出主页文件名就能打开网站。切换到"默认网站 属性"对话框的"文档"选项卡,如图 2-18 所示。在"启用默认文档"复选框中可以将不需要的文件名删除掉,也可以将需要使用的文件名添加进来。例如,访问网站地址为:172.16.7.40/default.aspx,若设置 default.aspx 为默认文档,则访问此网站时在浏览器地址栏只需输入 172.16.7.40 即可。

图 2-18 "默认网站 属性"对话框的"文档"选项卡

(7) 设置目录安全性

切换到"默认网站 属性"对话框的"目录安全性"选项卡,如图 2-19 所示。

图 2-19 "默认网站属性"对话框的"目录安全性"选项卡

在"目录安全性"选项卡中可以设置项目是否允许匿名访问。单击【编辑】按钮,打开"身份验证方法"对话框,如图 2-20 所示。选中"匿名访问"复选框并取消"集成Windows身份验证"复选框,则其他人不需要输入用户名与密码就能访问此网站;若取消"匿名访问"复选框,则其他人在访问时必须输入用户名与密码。因为网站都是允许匿名访问的,因此要选中此复选框。如果 IIS 服务器下某一网站在浏览时弹出需要输入用户名与密码(其他网站可以正常浏览)的对话框,则设置此站点的目录安全性即可。

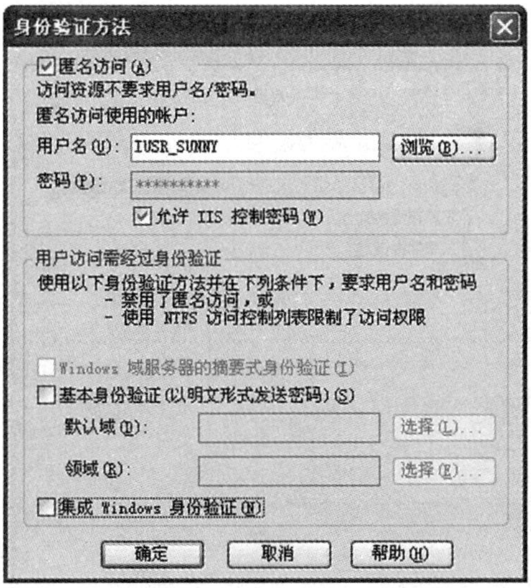

图 2-20 "身份验证方法"对话框

(8) 设置 ASP.NET 的版本

切换到"默认网站 属性"对话框的"ASP.NET"选项卡,如图 2-21 所示。在"ASP.NET 版本"下拉列表中选择需要的版本,这里选"4.0.30319"。

图 2-21 设置 ASP.NET 版本对话框

(9)单击【确定】按钮,完成 IIS 的配置。

2.2.2 设置虚拟目录

要浏览一个已经存在的 Web 项目(不是在本机上新创建的项目),除了配置 IIS 服务器之外,还必须将项目指定为虚拟目录才能浏览。下面介绍一种常用的设置虚拟目录的方法。

首先选择 Web 项目所在的文件夹,然后右击文件夹,在打开的快捷菜单中选择"共享和安全"命令或者选择"ebook 属性"命令打开"属性"对话框,切换到"Web 共享"选项卡,如图 2-22 所示。

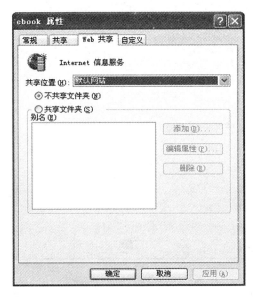

图 2-22 "ebook 属性"对话框的"Web 共享"选项卡

在"ebook 属性"对话框的"Web 共享"选项卡中选择"共享文件夹"单选按钮,单击【添加】按钮,打开"编辑别名"对话框,如图 2-23 所示。采用默认的别名或在"别名"文本框中输入新

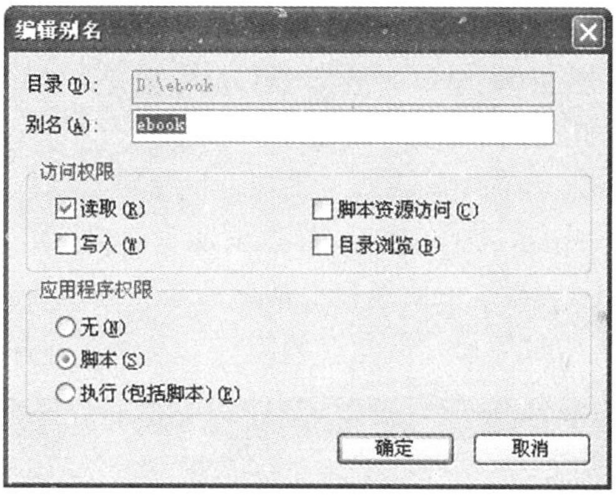

图 2-23 "编辑别名"对话框

别名,然后单击【确定】按钮,返回到项目"ebook 属性"对话框,然后在"ebook 属性"对话框中单击【确定】按钮,此项目的虚拟目录便设置好了。打开 IIS 服务器查看 Internet 信息服务窗口,可以看到有一个刚刚建立的虚拟目录,现在就可以浏览 Web 页面了。

这种指定虚拟目录的方法最简单且不容易出错,其他指定虚拟目录的方法读者可以自己去尝试。

2.2.3 安装.NET Framework

.NET Framework 是微软提供的一个框架结构,也是支持 Web 应用程序运行的关键组件之一。安装完 IIS 以后,为了支持 ASP.NET 脚本,还必须安装.NET Framework,最新的版本可以在微软的网站下载,.NET Framework 4.0 的下载地址为"http://www.microsoft.com/zh-cn/download/details.aspx?id=17718"。

在安装 Microsoft Visual Studio 2010 时 Microsoft .NET Framework SDK v4.0 会在更新系统时被自动安装,如果只是运行 Web 项目,不需要安装 Microsoft Visual Studio 2010,只需要单独安装 Microsoft .NET Framework SDK v4.0 即可。Microsoft Visual Studio 2010 是微软发布的一个集成开发环境。

1. 安装 Microsoft .NET Framework SDK v4.0

运行从微软网站下载的安装文件,如图 2-24 所示,接下来的步骤按默认选项进行安装。

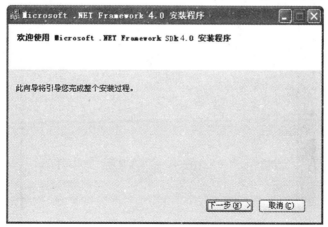

图 2-24 安装.NET Framework

【提示】
- 为避免项目部署时 IIS 出错，最好先安装 IIS，再安装 .NET Framework。

2. Microsoft Visual Studio 2010 介绍

(1) 主窗口

启动 Microsoft Visual Studio 2010 之后，首先出现主窗口，如图 2-25 所示。主窗口是主要的工作界面。从外观上看，主窗口主要包括上部的命令菜单和工具栏、左侧的工具箱和"服务器资源管理器"窗口、中部的窗体设计器及右侧的解决方案资源管理器窗口和属性窗口。

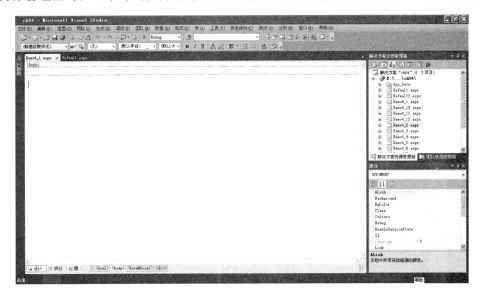

图 2-25　Microsoft Visual Studio 2010 主窗口

(2) 工具箱

Microsoft Visual Studio 2010 的窗口左侧有一个隐藏的工具箱，当用户将鼠标停留在工具箱标签上时，会向中间展出一个"工具箱"窗口，如图 2-26 所示。

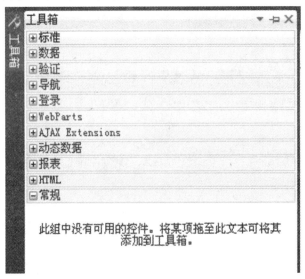

图 2-26　"工具箱"窗口

"工具箱"窗口可以自动隐藏或显示,单击"工具箱"窗口右侧的▣自动隐藏按钮,"工具箱"窗口将显示在主窗口中,再单击▣自动隐藏按钮,"工具箱"窗口将隐藏,其他窗口也可以通过单击自动隐藏按钮来控制窗口的显示与隐藏,这种功能方便了开发人员的操作。

Microsoft Visual Studio 2010 的工具箱与 Microsoft Visual Studio 2003 的不同是,在该窗口中把开发 Web 应用程序所使用的控件分类列出,这其中包含了 Microsoft Visual Studio 2003 没有集成的导航控件和登录控件。用户可以直接使用这些控件,大大节省了编写代码的时间,加快了程序开发的进度。

(3)解决方案资源管理器

在主窗口的右侧有一个"解决方案资源管理器"窗口,在该窗口中显示的是整个项目的文件列表,用户可以在此选择所要操作的文件,如图 2-27 所示。

图 2-27 "解决方案资源管理器"窗口

与 Microsoft Visual Studio 2003 的"解决方案资源管理器"不同的是,该窗口中只有.aspx 文件和.aspx.cs 文件,没有 Microsoft Visual Studio 2003 中所显示的命名空间、Global.asax 文件和 Web.config 文件,但 Web.config 文件在调试时自动生成,另外开发人员可以直接在所建项目下面新建文件夹,使得代码管理更加便捷。

(4)属性窗口

属性窗口主要用于设置选定对象的具体属性,属性窗口如图 2-28 所示。属性窗口上部的下拉列表中显示了当前被选中对象的名称和完整类名,下拉列表框的下面是一个工具条,其中包含按分类顺序查看属性,按字母顺序查看属性,查看属性、事件和查看属性页的功能按钮,属性窗口中部是属性列表,用户可在此区域中对选定对象进行属性值设置,属性窗口的下部为属性说明区域,通过此区域用户可以了解当前属

图 2-28 "属性"窗口

性的功能说明。

(5) 窗体设计器

开发人员可以通过窗体设计器对程序进行设计。在"解决方案资源管理器"窗口中双击要编辑的文件,窗体设计器中将显示该文件的完整代码,此时用户即可在窗体设计器中对代码进行编辑,如图 2-29 所示。

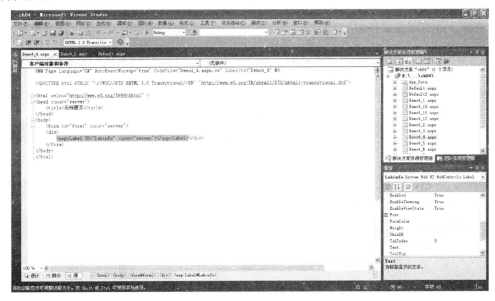

图 2-29 窗体设计器

课堂实践

1. 安装 IIS 服务器。

2. 郑小姐是做 Web 项目管理工作的,一天部门经理给她一个网上书店的项目,项目存放在服务器上,路径为"D:\eBook"(eBook 为项目名),项目的主页文件名为"Default.aspx",服务器的 IP 地址为"172.16.7.40",经理要求要让公司里所有的人都能访问该项目,访问的人只要在浏览器的地址栏中输入"172.16.7.40"就能打开项目,请您帮助郑小姐完成这个工作。

任务 2-3　创建基于 C♯ 的 Web 应用程序的基本步骤

本任务使用 Microsoft Visual Studio 2010 提供的集成开发环境建立第一个基于 C♯ 的 Web 应用程序。

2.3.1　创建 Web 项目

在 Microsoft Visual Studio 2010 中创建 Web 项目就是创建网站,其具体操作步骤如下:

(1) 选择【开始】|【程序】|【Microsoft Visual Studio 2010】|【Microsoft Visual Studio 2010】选项,启动 Microsoft Visual Studio 2010,进入.NET 集成开发环境。

(2) 在 Microsoft Visual Studio 2010 集成开发环境中,选择【文件】|【新建网站】选项,打开

"新建网站"对话框,如图 2-30 所示。

图 2-30 "新建网站"对话框

(3)在"新建网站"对话框中,【模板】列表中选择"Visual C♯";中间区域的位置中选择"ASP.NET 网站",单击【浏览】按钮,选择要存放网站的位置并输入网站名,这里假设网站存放在 E:\盘根目录下,网站名为"first_Web"。单击【确定】按钮,创建网站,打开新建网站的"源"视图界面,如图 2-31 所示。其中"Default.aspx"就是默认添加的 Web 窗体。单击左下角的"设计"可以查看其"设计"视图。

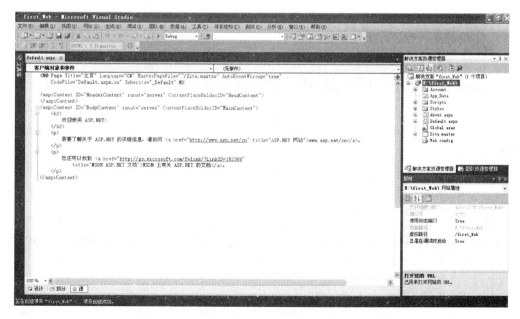

图 2-31 新建网站的"源"视图界面

至此,一个名为"first_Web"的网站便创建成功。

2.3.2 创建 Web 窗体

当用户创建一个新网站之后,Microsoft Visual Studio 2010 集成环境默认创建一个 Web 窗体 (Default.aspx),在实际项目开发中,仅仅一个默认窗体是不够的,下面将介绍如何创建一个新的 Web 窗体。

(1)在"解决方案资源管理器"窗口中,右击"网站名"结点,弹出快捷菜单,选择"添加新项"选项,如图 2-32 所示。

(2)在"添加新项"对话框中的"模板"列表中选择 "Visual C#";中间区域的位置中选择"Web 窗体",单击【添加】按钮即可,还可根据需要重新命名 Web 窗体,如图 2-33 所示。

图 2-32 选择"添加新项"选项

图 2-33 "添加新项"对话框

网站中的"Default.aspx"Web 窗体还没有任何内容,只是一个空白页面,下面将介绍向页面中添加控件。

2.3.3 添加 Web 控件

在 Web 页面中添加一个 Label 控件,然后设置该控件 Font 中的 Name 属性为"黑体"、Size 属性为"Larger"、Bold 属性为"True",其 Text 属性值为"这是我创建的第一个 Web 页面"。该 Label 控件的属性设置面板如图 2-34 所示。

2.3.4 编写代码

ASP.NET 的代码编写分为前台代码编写和后台代码编写。

单元 2　搭建 ASP.NET 开发环境

图 2-34　Label 控件的属性设置面板

1. 查看前台的 HTML 代码

在图 2-34 中单击左下角"源"标签，可以查看 Web 页面的 HTML 代码，如图 2-35 所示。同样单击"设计"标签，可以切换到页面的"设计"视图。

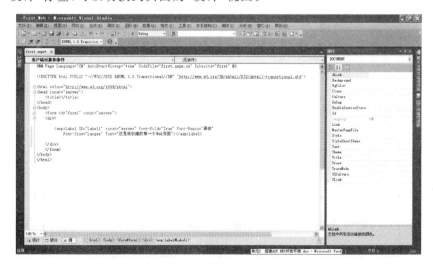

图 2-35　Web 页面的 HTML 代码

2. 查看后台代码

在如图 2-34 所示的"设计"视图区域中双击空白的地方，会显示一个名为 First.aspx.cs 的文件，如图 2-36 所示，该文件专门负责处理 First.aspx 页面的逻辑事务。后台代码即是用编程语言编写的事件代码,其扩展名为.aspx.cs。

图 2-36 所示的代码是系统自动生成的,要实现程序的功能就必须在该页面中添加特定的程序代码。

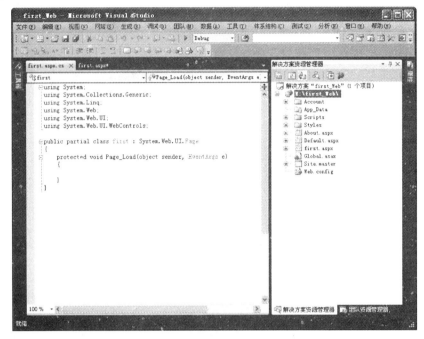

图 2-36 Web 应用程序的后台代码

2.3.5 运行程序

Web 窗体设计完成之后,可以通过运行程序来查看其最终效果,单击常用工具栏中的【启动】按钮 ▶ 或按键盘上的【F5】键即可运行程序。

运行程序时会提示"未启用调试"信息,出现这种提示信息是因为还没有为站点添加 Web.config 配置文件,所以在首次调试项目时系统会给出提示,如图 2-37 所示,用户只需单击【确定】按钮。

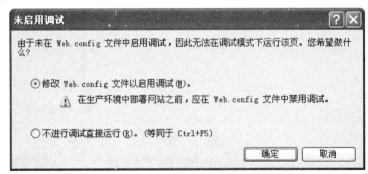

图 2-37 系统提示信息

课堂实践

湖南铁道职业技术学院信息工程系想要开发一个"学生技能鉴定报名"网站,用于收集学生的报名信息。现在请为其新建一个网站,完成下面的工作。

1. 新建网站,在默认的 Web 窗体中用标签控件显示"欢迎光临技能鉴定报名网"。
2. 查看新建网站前台的 HTML 代码。
3. 查看新建网站的后台代码。
4. 运行程序,查看其最终结果。

单元小结

本单元主要学习了如下内容:
- ASP.NET 基本知识介绍。
- 服务器控件介绍。
- Web 程序运行环境的配置:包括 IIS 安装与配置、虚拟目录设置、.NET Framework 的安装。
- 创建 ASP.NET 网站的基本步骤:创建网站、创建窗体、添加控件、设计窗体、编写代码和运行程序。

课外拓展

一、选择题

1. 下面关于 IIS 服务器的描述正确的是(　　)。
   A. Windows 操作系统安装完成后,IIS 服务器就会自动安装好
   B. IIS 主目录是不能更改的,一旦更改项目将不能浏览
   C. 在 IIS 服务器中必须启动匿名访问,否则不能使用 IP 地址浏览页面
   D. 在 IIS 服务器中启用默认文档与不启用没有区别
2. 运行 ASP.NET 程序时,计算机必须安装(　　)。
   A. .NET Framework 和 IIS   B. VS.NET
   C. C♯ 和 VB.NET   D. ASP.NET
3. .NET Framework 是一种(　　)。
   A. 编程语言   B. 程序运行平台   C. 操作系统   D. 数据库管理系统
4. 要使程序立即运行,需要按(　　)键。
   A. F5   B. Ctrl+5   C. F10   D. F11

二、判断题

1. 浏览器只能解释 HTML 和 JavaScript 代码,不能解释后台代码。 (　　)
2. 页面<HEAD>标签是可有可无的,而<BODY>标签是必不可少的。 (　　)
3. JavaScript 脚本在发送到客户端时,需要将其编译成 HTML 代码。 (　　)

三、操作题

1. 安装 Microsoft .NET Framework SDK v4.0。
2. 安装 Microsoft Visual Studio 2010 集成开发环境。

单元3 网上书城系统介绍

● 学习目标

【知识目标】

- 掌握系统用例图的绘制
- 掌握系统模块的设计
- 掌握系统流程的设计
- 熟练掌握数据库的设计

【技能目标】

- 能绘制系统用例图
- 会划分系统模块
- 会设计系统流程
- 能设计系统数据库

● 学习导航

单元1和单元2是从静态的角度(即需要用什么技术来实现)对Web程序进行了讲解。本单元是从动态的角度(即Web程序开发的过程)来考察,介绍系统分析和设计阶段的内容,目的是帮助读者明确本书的主要学习目标。本单元内容是介绍性的,读者可以从其他相关课程中学习到软件开发生命周期的相关内容。本单元内容及在Web应用系统开发中的位置如图3-1所示。

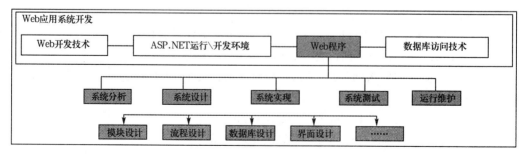

图3-1 本单元学习导航

任务 3-1　系统概述

网上书城是一个 B/C 模式的电子商城,该网上书城系统要求能够实现前台用户购物和后台管理两大部分功能。

3.1.1　前台购书系统

1. 用户注册与登录

系统考虑到用户购买的真实性,规定游客只能在系统中查看商品信息,不能进行商品的订购。但是游客可以通过注册的方式,登记相关基本信息成为系统的注册会员,注册会员登录系统后进行商品的查看和购物操作。

2. 图书展示与查询

注册会员可以通过商品列表了解图书的基本信息,再通过图书详细资料页面了解图书的详细情况,同时,可以根据自己的需要按图书编号、图书名称、图书类别和热销度等条件进行图书的查询,方便快捷地了解自己需要的图书信息。

3. 购物车与订单

注册会员在浏览商品过程中,可以将自己需要的商品放入购物车中,用户最终购买的商品从购物车中选取。会员在购物过程中的任何时候都可以查看购物车中自己所选取的商品,以了解所选择的商品信息;注册会员在选购商品后,在确认购买之前,可以对购物车中商品进行二次选择:可以从购物车中删除不要的商品,也可以修改所选择的商品的数量。在用户确认购买后(选择购物车中的所有商品),系统会为注册会员生成购物订单,注册会员可以查看自己的订单信息,以了解付款信息和商品配送情况。

4. 意见反馈

该电子商城购物用户可以通过系统提供的留言板将自己对网站的服务情况和网站商品信息的意见进行反馈,以便及时与网站进行沟通,有助于改善网站服务质量。

5. 会员信息修改

用户在注册后,可以在系统中查看用户的个人资料,也可以修改用户的个人资料。

(1)改变个人设置:注册会员可以修改自己的账号密码及其他个人信息。

(2)注销:注册会员在购物过程中或购物结束后,可以注销自己的账号,以保证账号的安全。

3.1.2　后台管理系统

(1)管理用户:系统管理员可以根据需要添加、修改或删除后台管理系统中的用户,也可以修改密码等基本信息。

(2)维护商品库:具有商品管理权限的管理员可以添加商品信息(主要在进货后)、修改已有商品信息(如产品价格调整)以及删除商品信息(不再销售某种商品)。

(3)处理订单:订单由会员在前台购物过程中生成,后台管理员可以对订单异动情况进行修改处理,同时,根据订单情况通知配送人员进行商品流通配送。

(4)维护会员信息:系统注册会员的基本信息由前台注册得到,后台管理员对系统注册会员的信息进行维护(如会员账户、密码丢失等)。

3.1.3 系统用例图

根据对网上书城的分析,主要有四类用户,分别为注册会员、匿名会员、服务人员和管理员,其用例图如图3-2所示。

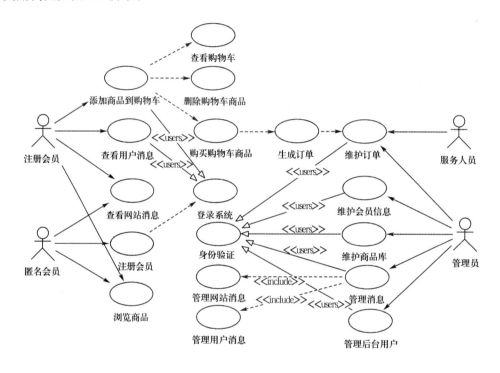

图 3-2 系统用例图

任务 3-2 系统功能模块设计

Easy_Buy是一个在线销售系统,属于B/C模式的电子商务系统,由前台的B/S模式购物系统和后台的C/S模式管理系统两部分组成。该电子商务系统可以实现会员注册、浏览商品、查看商品详细信息、选购商品、取消订单和查看订单等功能,前台系统的详细功能如图3-3所示。

3.2.1 注册功能

提供注册功能,用户填写必要资料和可选资料后成为本购物网站的会员,只有注册会员才可以进行购物操作,非注册会员只能查看商品资料。用户注册页面如图3-4所示。

图 3-3　系统首页

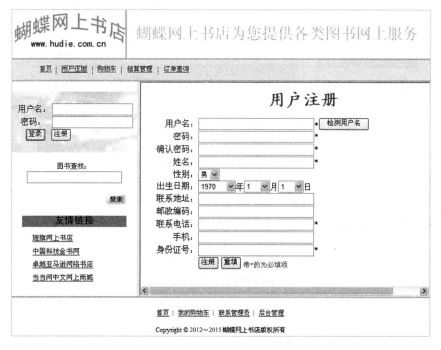

图 3-4　用户注册

3.2.2　登录功能

注册会员输入注册用户名和密码后可以登录本网站进行购物。登录功能及登录后的显示信息如图 3-5 所示。

图 3-5 用户登录界面及提示信息

3.2.3 图书列表

通过系统主页可以查看部分图书信息,如图 3-3 所示。也可以通过图书查询页面查看图书信息。图书信息查询页面如图 3-6 所示。

图 3-6 图书信息查询

3.2.4 图书详细信息

通过单击图 3-3 上的图书图片或图书名就可查看图书的详细信息,单击图 3-6 上的详细信息也可以查看图书的详细信息。图书详细信息页面如图 3-7 所示。

图 3-7 图书详细资料

3.2.5 购物车

用户在浏览商品信息时可以单击【购买】按钮，购买指定的商品，即将商品放入购物车中，对于购物车中的商品，用户可以确认购买，也可以退还商品（删除），也可以增减所购商品的数量，如图 3-8 所示。

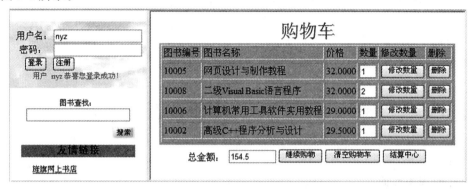

图 3-8　购物车

3.2.6 结算中心

用户查看购物车时可以单击【结算中心】按钮，确认购买所选择的商品。同时，填写付款方式、收货地址和确认 E-mail 等信息完成商品的订购，如图 3-9 所示。

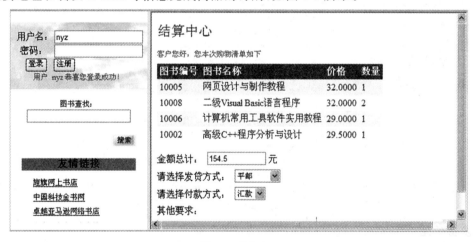

图 3-9　结算中心

3.2.7 订单查询

用户可以通过订单查询查看自己订单的处理情况，订单查询如图 3-10 所示。

3.2.8 后台管理

1. 后台登录

管理员通过后台管理的各个功能进行网站管理，后台管理登录页面如图 3-11 所示。

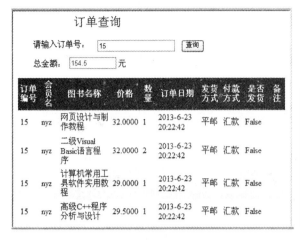

图 3-10　订单查询　　　　　　　　　　图 3-11　后台管理登录

2. 后台管理主页面

后台管理主页面是进行各种管理操作的入口，后台管理主页面如图 3-12 所示。

图 3-12　后台管理主页面

3. 发货处理

发货处理是后台的一个主要功能，根据客户的支付情况对订单进行相应的处理，发货处理页面如图 3-13 所示。

4. 图书新增

当有新的图书出版时，就要在网上书店进行显示，这就需要一个图书信息新增功能，图书信息新增页面如图 3-14 所示。

5. 图书信息修改

在上传图书时不小心把数据填写错误，怎么办？需要修改，因此图书信息修改在网上书店的后台管理中也是一个非常重要的功能。图书信息修改页面如图 3-15 所示。

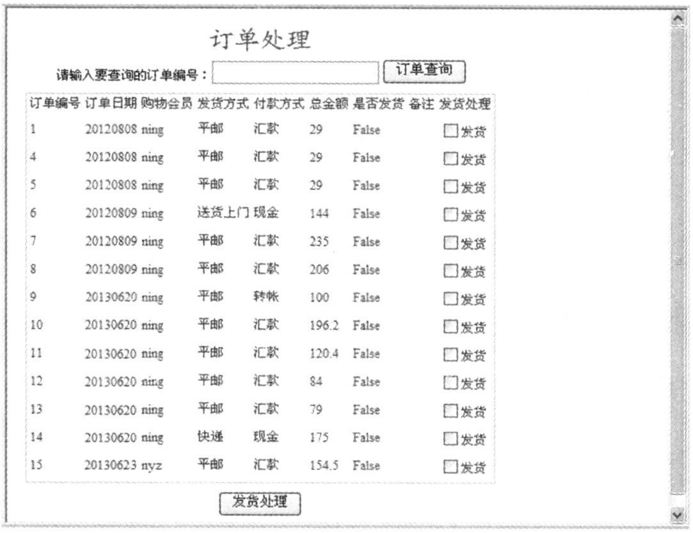

图 3-13　发货处理

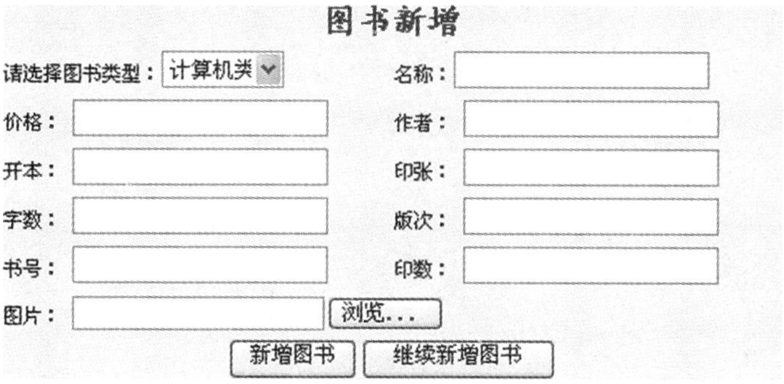

图 3-14　图书新增

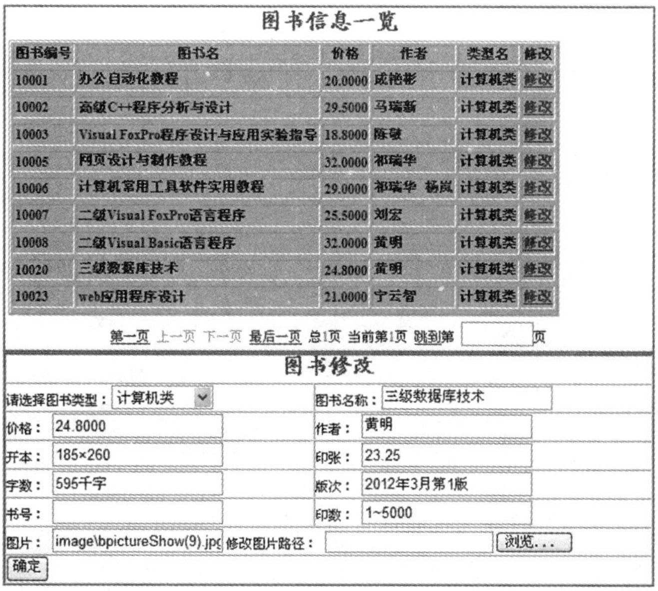

图 3-15　图书信息修改

> **课堂实践**

1. 通过浏览配置在服务器上的网上书城。
2. 操作网上书城系统各个功能,了解购物流程,为后面的开发打基础。

任务 3-3　数据库设计

3.3.1　数据表关系图

网上书城各个数据表的关系如图 3-16 所示。

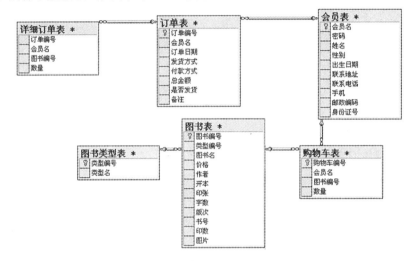

图 3-16　数据表关系图

3.3.2　数据库表设计

根据系统功能描述和实际业务分析,进行了网上书城的设计,主要数据表及其内容如下:

1. 会员表

会员表详细信息如表 3-1 所示。

表 3-1　　　　　　　　　　会员表

表序号	1	表名		会员表	
含义	存储用户的基本信息				
序号	属性名称	数据类型	长度	为空性	约束
1	会员名	char	12	not null	主键
2	密码	char	32	not null	
3	姓名	char	20	not null	
4	性别	char	2	null	
5	出生日期	datetime		null	
6	联系地址	nchar	60	not null	
7	联系电话	char	13	null	
8	手机	char	12	not null	
9	邮政编码	char	6	null	
10	身份证号	char	18	null	

2. 管理员表

管理员表详细信息如表 3-2 所示。

表 3-2　　　　　　　　　　　　　　管理员表

表序号	2	表名	管理员表	
含义	存储管理员的基本信息			
序号	属性名称	数据类型	长度	为空性	约束
1	用户名	char	20	not null	主键
2	密码	char	32	not null	
3	权限	int		not null	

3. 图书类型表

图书类型表的详细信息如表 3-3 所示。

表 3-3　　　　　　　　　　　　　　图书类型表

表序号	3	表名	图书类型表	
含义	存储图书类型			
序号	属性名称	数据类型	长度	为空性	约束
1	类型编号	char	20	not null	主键
2	类型名	char	20	null	

4. 图书表

图书表的详细信息如表 3-4 所示。

表 3-4　　　　　　　　　　　　　　图书表

表序号	4	表名	图书表	
含义	存储图书的基本信息			
序号	属性名称	数据类型	长度	为空性	约束
1	图书编号	int		not null	主键
2	类型编号	char	20	not null	外键
3	图书名	char	40	not null	
4	价格	money		not null	
5	作者	char	20	not null	
6	开本	char	16	null	
7	印张	float		null	
8	字数	char	10	not null	
9	版次	nchar	20	not null	
10	书号	char	30	not null	
11	印数	char	10	null	
12	图片	char	50	not null	

5. 购物车表

购物车表的详细信息如表 3-5 所示。

表 3-5　　　　　　　　　　　　　购物车表

表序号	5	表名		购物车表	
含义	存储客户想要购买的商品信息				
序号	属性名称	数据类型	长度	为空性	约束
1	购物车编号	int		not null	主键
2	会员名	char	12	not null	
3	图书编号	int		not null	
4	数量	int		not null	

6. 订单表

订单表的详细信息如表 3-6 所示。

表 3-6　　　　　　　　　　　　　订单表

表序号	6	表名		订单表表	
含义	存储客户的订单信息				
序号	属性名称	数据类型	长度	为空性	约束
1	订单编号	int		not null	主键
2	会员名	char	12	not null	
3	订单日期	datetime		not null	
4	发货方式	char	20	null	
5	付款方式	char	20	null	
6	总金额	float		not null	
7	是否发货	bit		null	
8	备注	ntext		null	

7. 详细订单表

详细订单表的详细信息如表 3-7 所示。

表 3-7　　　　　　　　　　　　　详细订单表

表序号	7	表名		详细订单表	
含义	存储客户的订单信息				
序号	属性名称	数据类型	长度	为空性	约束
1	订单编号	int		not null	
2	会员名	char	12	not null	
3	图书编号	int		not null	
4	数量	int		not null	

3.3.3　创建视图和存储过程

为了方便查询,创建了购物车视图、图书信息视图和详细订单视图,购物车视图是购物车表和图书表的关系视图,其结构如图 3-17 所示。

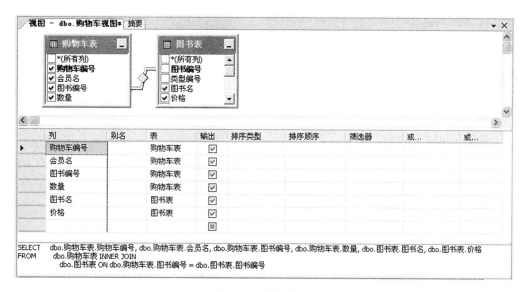

图 3-17 购物车视图

图书信息视图是图书类型表与图书表之间的关系视图,其结构如图 3-18 所示。

图 3-18 图书信息视图

详细订单视图是订单表、详细订单表和图书表之间的关系视图,其结构如图 3-19 所示。
对图书信息视图进行查询的存储过程代码如下:

```
USE [网上书店]
GO
SET ANSI_NULLS OFF
GO
SET QUOTED_IDENTIFIER ON
GO
CREATE PROCEDURE [dbo].[proSelectbook] AS
select * from 图书信息视图
```

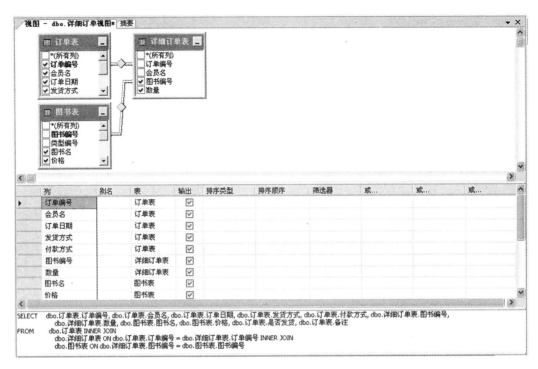

图 3-19 详细订单视图

3.3.4 关键 SQL 语句

下面给出创建网上书城数据库(网上书店)和主要表的 SQL 语句,读者在使用样例系统时,也可以直接运行配套资源中的建库脚本或者附加系统中的数据库到数据库服务器。

```
--网上书店数据库
CREATE DATABASE [网上书店]
--订单表
CREATE TABLE [dbo].[订单表](
[订单编号] [int] NOT NULL,
[会员名] [char](12) COLLATE Chinese_PRC_CI_AS NULL,
[订单日期] [datetime] NULL CONSTRAINT [DF_订单表_订单日期] DEFAULT(getdate()),
[发货方式] [char](20) COLLATE Chinese_PRC_CI_AS NULL,
[付款方式] [char](20) COLLATE Chinese_PRC_CI_AS NULL,
[总金额] [float] NULL,
[是否发货] [bit] NULL,
[备注] [ntext] COLLATE Chinese_PRC_CI_AS NULL,
CONSTRAINT [PK_订单表] PRIMARY KEY CLUSTERED
(
[订单编号] ASC
)WITH(IGNORE_DUP_KEY=OFF) ON [PRIMARY]
) ON [PRIMARY] TEXTIMAGE_ON [PRIMARY]
--购物车表
```

```sql
CREATE TABLE [dbo].[购物车表](
[购物车编号] [int] IDENTITY(1001,1) NOT FOR REPLICATION NOT NULL,
[会员名] [char](12) COLLATE Chinese_PRC_CI_AS NULL,
[图书编号] [int] NULL,
[数量] [int] NULL,
CONSTRAINT [PK_购物车表] PRIMARY KEY CLUSTERED
(
[购物车编号] ASC
)WITH(IGNORE_DUP_KEY=OFF) ON [PRIMARY]
) ON [PRIMARY]
--会员表
CREATE TABLE [dbo].[会员表](
[会员名] [char](12) COLLATE Chinese_PRC_CI_AS NOT NULL,
[密码] [char](32) COLLATE Chinese_PRC_CI_AS NULL,
[姓名] [char](20) COLLATE Chinese_PRC_CI_AS NULL,
[性别] [char](2) COLLATE Chinese_PRC_CI_AS NULL,
[出生日期] [datetime] NULL,
[联系地址] [nchar](60) COLLATE Chinese_PRC_CI_AS NULL,
[联系电话] [char](13) COLLATE Chinese_PRC_CI_AS NULL,
[手机] [char](12) COLLATE Chinese_PRC_CI_AS NULL,
[邮政编码] [char](6) COLLATE Chinese_PRC_CI_AS NULL,
[身份证号] [char](18) COLLATE Chinese_PRC_CI_AS NULL,
CONSTRAINT [PK_用户表] PRIMARY KEY CLUSTERED
(
[会员名] ASC
)WITH(IGNORE_DUP_KEY=OFF) ON [PRIMARY]
) ON [PRIMARY]
--图书类型表
CREATE TABLE [dbo].[图书类型表](
[类型编号] [char](20) COLLATE Chinese_PRC_CI_AS NOT NULL,
[类型名] [char](20) COLLATE Chinese_PRC_CI_AS NULL,
CONSTRAINT [PK_图书类型表] PRIMARY KEY CLUSTERED
(
[类型编号] ASC
)WITH(IGNORE_DUP_KEY=OFF) ON [PRIMARY]
) ON [PRIMARY]
--图书表
CREATE TABLE [dbo].[图书表](
[图书编号] [int] IDENTITY(10001,1) NOT FOR REPLICATION NOT NULL,
[类型编号] [char](20) COLLATE Chinese_PRC_CI_AS NULL,
[图书名] [nchar](40) COLLATE Chinese_PRC_CI_AS NULL,
[价格] [money] NULL,
[作者] [char](20) COLLATE Chinese_PRC_CI_AS NULL,
```

[开本] [char](16) COLLATE Chinese_PRC_CI_AS NULL,
[印张] [float] NULL,
[字数] [char](10) COLLATE Chinese_PRC_CI_AS NULL,
[版次] [nchar](20) COLLATE Chinese_PRC_CI_AS NULL,
[书号] [char](30) COLLATE Chinese_PRC_CI_AS NULL,
[印数] [char](10) COLLATE Chinese_PRC_CI_AS NULL,
[图片] [char](50) COLLATE Chinese_PRC_CI_AS NULL,
CONSTRAINT [PK_图书表] PRIMARY KEY CLUSTERED
(
[图书编号] ASC
)WITH(IGNORE_DUP_KEY=OFF) ON [PRIMARY]
) ON [PRIMARY]
--详细订单表
CREATE TABLE [dbo].[详细订单表](
[订单编号] [int] NULL,
[会员名] [char](12) COLLATE Chinese_PRC_CI_AS NULL,
[图书编号] [int] NULL,
[数量] [int] NULL
) ON [PRIMARY]
--管理员表
CREATE TABLE [dbo].[管理员表](
[用户名] [char](20) COLLATE Chinese_PRC_CI_AS NOT NULL,
[密码] [char](32) COLLATE Chinese_PRC_CI_AS NULL,
[权限] [int] NULL,
CONSTRAINT [PK_管理员表] PRIMARY KEY CLUSTERED
(
[用户名] ASC
)WITH(IGNORE_DUP_KEY=OFF) ON [PRIMARY]
) ON [PRIMARY]

任务 3-4　详细设计

3.4.1　开发文件夹

网上书城系统的开发文件夹如图 3-20 所示。

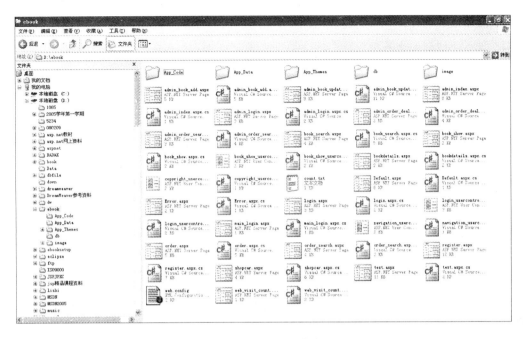

图 3-20　系统开发文件夹

3.4.2　系统使用说明

1. 系统配置

本书中所有实例都是在 Windows XP 操作系统下开发的,程序测试环境为 Windows 2003 Server。用户在 Windows XP 下正确配置程序运行所需的环境后,完全可以使用本书中的实例。具体配置如下:

硬件平台:

- CPU:P4 1.8GHz;
- 内存:512MB 以上。

软件平台:

- 操作系统:Windows XP;
- 数据库:SQL Server 2005;
- 框架版本:Microsoft .NET Framework SDK v2.0;
- Web 服务器:IIS 5.1;
- 浏览器:IE 5.0 及以上版本,推荐使用 IE 6.0;
- 分辨率:最佳效果 1024×768 像素。

2. 源程序使用方法

如果用户要使用源程序,使用的计算机除了满足上面要求的配置外,还需要完成如下工作:

(1)使用本书中源程序时,请将该程序所对应的文件夹(ebook)拷贝到计算机硬盘上,并去掉所有文件的只读属性,将 ebook 文件夹进行 Web 共享,配置成虚拟目录。

（2）启动 SQL Server 2005，将应用程序 ebook 文件夹下的 db 文件夹中的数据库附加到当前 SQL Server 数据库服务器。

（3）添加数据库登录用户 ASPNET。

（4）启动 IIS 服务器。

（5）在浏览器中输入 http://localhost/ebook/Default.aspx 后，即可进入前台购物页面。

（6）在浏览器中输入 http://localhost/ebook/admin_login.aspx，输入管理员账号和密码后，即可进入后台管理页面。

课堂实践

1. 创建数据库。
2. 配置好网上书城并浏览。

单元小结

本单元主要学习了如下内容：
- 网上书城系统概述：包括前台购物系统、后台管理系统和系统用例图；
- 系统功能模块设计：包括注册模块、登录模块、商品展示、商品详情、购物车、结算中心、订单查询和后台管理；
- 系统流程：包括用户购物流程、客户订单处理流程；
- 数据库设计：包括数据库关系图、数据库表设计和创建数据库和表的 SQL 语句；
- 详细设计：包括开发文件夹和系统使用说明。

课外拓展

1. 根据您对所在城市的新华书店的业务处理流程的了解和分析，参照 ebook 网上书城，设计出 ebook 网站的数据库。

2. 打开国美网站，完成从注册到购物的流程，体验网上购物的基本过程，并体会每一过程涉及的数据库操作。

单元4 使用ADO.NET访问数据库

● 学习目标

【知识目标】

■ 了解 ADO.NET
■ 掌握数据库连接方法
■ 掌握数据库操作命令
■ 熟悉数据查询与更新

【技能目标】

■ 能通过 ASP.NET 程序连接数据库
■ 能熟练使用数据库操作命令
■ 能实现数据查询与更新

● 学习导航

本单元主要学习内容及在 Web 应用系统开发中的位置如图 4-1 所示。

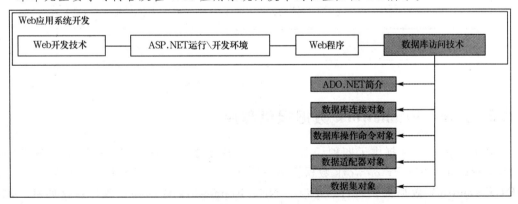

图 4-1 本单元学习导航

任务 4-1　ADO.NET 概述

4.1.1　ADO.NET 简介

ADO.NET(即 ActiveX Data Objects.NET)是微软.NET 平台中的一种最新的数据库访问技术。它有着全新的设计理念,并在原有的 ADO 基础上进行了一些重大的变化和革新,不管数据源来自什么数据库,都可以通过它进行高效访问,是应用程序和数据库之间的重要桥梁。ADO.NET 包含用于连接到数据库、执行命令和检索结果的.NET Framework 提供程序。ADO.NET 类在 System.Data.dll 中,并且与 System.Xml.dll 中的 XML 类集成,所以 ADO.NET 还能实现对 XML 数据的访问。

ADO.NET 对象可分为两大类:一类是与数据库直接连接的联机对象,这类对象包含了 Command(命令)对象、DataReader(数据读取器)对象和 DataAdapter(数据适配器)对象,通过这些类对象可以在应用程序里完成连接数据源以及数据维护等相关操作。另一类则是与数据源无关的断开式访问对象,像 DataSet(数据集)对象、DataRelation 对象等。

ADO.NET 是由许多类构成的,通过这些类可以在程序中建立所需的对象并利用它来完成对数据库的各种操作。ADO.NET 对象的组织结构如图 4-2 所示。

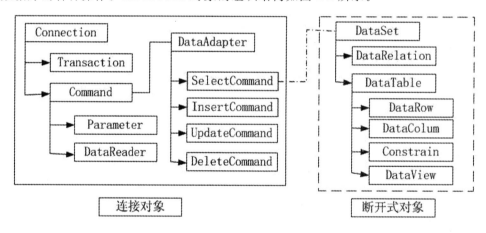

图 4-2　ADO.NET 对象组织结构图

4.1.2　.NET Framework 数据提供程序

.NET Framework 提供了四种.NET Framework 数据提供程序来访问特定类型的数据源:SQL Server.NET Framework 数据提供程序、OLEDB Framework 数据提供程序、Oracle.NET Framework 数据提供程序、ODBC.NET Framework 数据提供程序。这四种.NET Framework 数据提供程序的类分别位于特定的命名空间中,用于访问不同类型的数据源。所有的数据提供程序都位于 System.Data 命名空间内,每种.NET 数据提供程序都由 4 个主要组件组成,它们的功能如下:

- Connection 对象:用于连接到数据源。
- Command 对象:用于执行针对数据源的命令并检索 DataReader、DataSet,或者用于执行针对数据源的一个插入、删除或修改操作。

- DataReader 对象：通过一个打开的数据库连接，能够快速、前向、只读地访问数据流，每次在内存中只处理一行数据。
- DataAdapter 对象：用于从数据源产生上个 DataSet，并且更新数据源。

1. SQL Server . NET Framework 数据提供程序

SQL Server . NET Framework 数据提供程序用于访问 Microsoft SQL Server 7.0 版本以上的数据库和 MSDE(Microsoft SQL Server Desktop Engine)数据库。

SQL Server . NET Framework 数据提供程序的类位于 System.Data.SqlClient 命名空间中，这些类以 Sql 作为前缀，建立 Connection 对象的类称为 SqlConnection，建立 Command 对象的类称为 SqlCommand，建立 DataAdapter 对象的类称为 SqlDataAdapter，建立 DataReader 对象的类称为 SqlDataReader，如表 4-1 所示。

表 4-1　　SQL Server . NET Framework 数据提供程序的常用类

类　名	功能说明
SqlConnection	用来建立数据库连接
SqlCommand	用来下达操作数据库的各个命令，会返回 DataReader 类型的结果
SqlDataAdapter	另一种下达操作数据库命令的方式，会返回 DataSet 类型的结果
SqlDataReader	以只读方式读取数据库内容，一次只能读取一条记录

2. OLE DB Framework 数据提供程序

OLE DB Framework 数据提供程序用于访问支持 OLE DB 接口的数据库，例如 Microsoft SQL Server 6.5 或更低版本的数据库、Microsoft Access 数据库、Oracle 数据库、Sybase 数据库、DB2 数据库等。OLE DB Framework 数据提供程序通过本地的 OLE DB 数据驱动程序为数据库的操作提供服务，例如访问 Microsoft SQL Server 数据库的 OLE DB 驱动程序为 SQLOLEDB.1，访问 Microsoft Access 数据库的 OLE DB 驱动程序为 Microsoft.Jet.OLEDB.4.0，访问 Oracle 数据库的 OLE DB 驱动程序为 MSDAORA。

OLE DB Framework 数据提供程序的类位于 System.Data.OleDb 命名空间中，这些类以 OleDb 作为前缀，建立 Connection 对象的类称为 OleDbConnection，建立 Command 对象的类称为 OleDbCommand，建立 DataAdapter 对象的类称为 OleDbDataAdapter，建立 DataReader 对象的类称为 OleDbDataReader，如表 4-2 所示。

表 4-2　　OLE DB Framework 数据提供程序的常用类

类　名	功能说明
OleDbConnection	用来建立数据库连接
OleDbCommand	用来下达操作数据库的各个命令，会返回 DataReader 类型的结果
OleDbDataAdapter	另一种下达操作数据库命令的方式，会返回 DataSet 类型的结果
OleDbDataReader	以只读方式读取数据库内容，一次只能读取一条记录

4.1.3　数据库应用程序的开发流程

虽然数据库应用程序访问的数据库不同，实现的功能也不同，但其开发流程一般主要分为以下几个步骤：

第 1 步：创建数据库。

第 2 步:使用 Connection 对象连接数据库。
第 3 步:使用 Command 对象对数据源执行 SQL 命令并返回数据。
第 4 步:使用 DataReader 和 DataSet 对象读取和处理数据源的数据。

任务 4-2　数据库连接对象 Connection

Connection 对象是连接程序和数据库的"桥梁",要存取数据源中的数据,首先要建立程序和数据源之间的连接。对应不同的 Provider 类型,常用的 Connection 对象有两种:用于 Microsoft SQL Server 数据库的是 SqlConnection;对于其他类型数据源可以用 OleDbConnection。例如,操作 Access 等非 Microsoft SQL Server 数据库中的数据,可以使用 OleDbConnection。

4.2.1　OleDbConnection 对象

和 Access 数据库连接时,在引用 System.Data.OleDb 命名空间后,与数据库的连接就要用到 OleDbConnection 对象,下面是它的语法格式:

> 格式 1:OleDbConnection 对象名称=new OleDbConnection();
> 格式 2:OleDbConnection 对象名称=new OleDbConnection("连接字符串");

其中格式 2 中的"连接字符串"用来设置数据库类型及其所在位置等信息,这些信息实际上都是由类中的属性所组成的,OleDbConnection 对象的主要属性如表 4-3 所示。

表 4-3　OleDbConnection 对象属性

属　性	说　明
Provider	取得 OLE DB 提供程序的名称,为只读属性
DataSource	取得数据库的来源位置,为只读属性
ConnectionTimeout	取得连接超时时间,默认值是 15 秒
State	取得目前连接的状态,若为打开联机,则返回 1,反之为 0
ConnectionString	取得或设置连接字符串,此属性由上述各项属性所构成

其中 Provider 属性的可用设置值如表 4-4 所示。

表 4-4　Provider 属性的设置值

属性值	说　明
SQLOLEDB	用来连接 SQL 数据库
MSDAORA	用来连接 Oracle 数据库
Microsoft.Jet.OLEDB.4.0	用来连接 Access 数据库

ConnectionString 的属性值则是由其他各项属性所构成,例如:

> OleDbConnection Con=new OleDbConnection();
> Con.ConnectionString="provider=microsoft.jet.oledb.4.0;data source=C:\\train.mdb";

建立 OleDbConnection 对象还有另一种方法,即在建立对象的同时指定连接字符串,而此

连接字符串的内容即是指 ConnectionString 的设置值,例如下面的语句:

> OleDbConnection Con=new OleDbConnection("provider=microsoft.jet.oledb.4.0;data source=C:\\train.mdb");

OleDbConnection 对象的主要方法如表 4-5 所示。

表 4-5　　　　　　　　　　OleDbConnection 对象方法

方　法	说　明
Open	打开与数据库之间的连接
Close	关闭与数据库之间的连接
ChangeDatabase	在打开连接的状态下,更改目前的数据库
Dispose	关闭与数据库之间的连接,并释放所占用的系统资源

【例 4-1】 使用 OleDbConnection 对象连接 Access 数据库。

```
1.  using System;
2.  using System.Data;
3.  using System.Configuration;
4.  using System.Collections;
5.  using System.Web;
6.  using System.Web.Security;
7.  using System.Web.UI;
8.  using System.Web.UI.WebControls;
9.  using System.Web.UI.WebControls.WebParts;
10. using System.Web.UI.HtmlControls;
11. using System.Data.OleDb;        //引入 System.Data.OleDb 命名空间
12. public partial class Demo4_1 : System.Web.UI.Page
13. {
14.     protected void Page_Load(object sender, EventArgs e)
15.     {
16.         OleDbConnection Con=new OleDbConnection();
17.         Con.ConnectionString="provider=microsoft.jet.oledb.4.0;data source=C:\\train.mdb";
18.         try
19.         {
20.             Con.Open();
21.             Response.Write("数据库连接成功"+"<br>");
22.             Response.Write("打开数据库的连接字符串为:"+Con.ConnectionString+"<br>");
23.             Response.Write("执行 Open()方法后,连接的状态为:"+Con.State+"<br>");
24.             Response.Write("OLE DB 提供程序的名称为:"+Con.Provider+"<br>");
25.             Response.Write("你所使用的数据源为:"+Con.DataSource+"<br>");
26.             Response.Write("连接不成功所等待的时间为:"+Con.ConnectionTimeout+"<br>");
27.             Con.Close();
28.             Response.Write("执行 Close()方法后,连接的状态为:"+Con.State+"<br>");
29.         }
```

```
30.         catch(Exception)
31.         {
32.             Response.Write("数据库连接失败,请重试!");
33.             Con.Close();
34.         }
35.     }
36. }
```

【代码分析】

- 第 1~10 行,自动生成的命名空间语句;
- 第 11 行,引入 System.Data.OleDb 命名空间,不引入此命名空间则不能使用 OleDbConnection 类;
- 第 14~35 行,为 Page_Load 事件(页面初始化事件),双击页面任何一个空白的地方("设计"视图模式下)就可以编辑页面初始化事件;
- 第 16 行,定义 OleDbConnection 对象;
- 第 17 行,指定 OleDbConnection 对象的连接字符串属性值;
- 第 20 行,利用 Open()方法打开连接;
- 第 21 行,利用 Response 对象的 Write 方法输出提示信息,信息将显示在页面上,Response 对象在后面的章节中将详细介绍;
- 第 22~26 行,输出 OleDbConnection 对象相应属性的值;
- 第 27 行,使用 Close()方法关闭连接;
- 第 28 行,关闭连接之后,连接的状态为 Close,注意其结果与第 23 行输出的不同。

运行结果如图 4-3 所示。

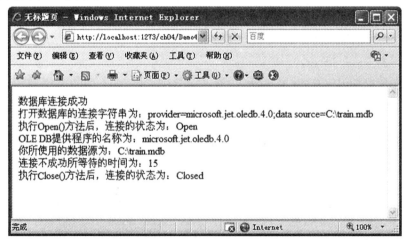

图 4-3 使用 OleDbConnection 对象连接数据库

【提示】

- 在设置数据源时使用绝对路径不是一个好方法,这不利于网站的发布。.NET 2005 中特意为网站项目自动创建了一个 App_Data 文件夹,用于存放数据库文件,这样就可以通过相对路径访问数据库了。读者先将数据库文件复制到 App_Data 文件夹下,再用 Server.MapPath 方法得到数据库文件的相对路径。在例 4-1 中,程序代码的第 17 行可以写成如下形式:

Con. ConnectionString =″provider=microsoft. jet. oledb. 4. 0;data source=″+Server. MapPath(″App_Data\\train. mdb″);。

4.2.2 SqlConnection 对象

SqlConnection 对象是连接 SQL Server 类型数据源的主要方式,通过相关属性和方法,实现对连接参数的设置、读取以及相关连接操作。其主要属性如表 4-6 所示。

表 4-6　　　　　　　　　　SqlConnection 主要属性

属　性	说　明
DataSource	取得数据库的来源位置,为只读属性
Database	取得目前打开的数据库名称,为只读属性
ConnectionTimeout	取得连接超时时间,默认值是 15 秒
State	取得目前连接的状态,若为联机状态,则返回 1,反之为 0
ConnectionString	取得或设置连接字符串,此属性由上述各项属性所构成
PacketSize	获取与 SQL Server 实例通信的网络数据包的大小
WorkstationID	获取标识数据库客户端的一个字符串

ConnectionString 属性所要求的字符串应该是一个符合编程语言语法要求的字符串,其内容由若干个以分号隔开的、"参数名=参数值"表示的子串组成。可用的主要参数名及说明如表 4-7 所示。

表 4-7　　　　　　　　ConnectionString 属性字符串参数表

参数名	说　明
DataSource/Server/Address/Addr/NetWork Address	要连接的 SQL Server 实例的名称或网络地址
Database/Initial Catalog	数据库名
Integrated Security/Trusted_Connection	该连接是否为安全连接,可识别的值有 True、False 和 sspi,后者等价于 True
ConnectTimeOut	在产生错误之前,等待与服务器的连接的时间长度
PacketSize	获取与 SQL Server 实例通信的网络数据包的大小,以字节为单位
Password/Pwd	登录密码
UserID	登录名
WorkStationID	连接到 SQL Server 的工作站的名称

该对象的主要方法和 OleDbConnection 相同,请参照 OleDbConnection 对象的相关介绍。

【例 4-2】 使用 SqlConnection 对象连接 SQL Server 数据库。

1. using System;
2. using System. Data;
3. using System. Configuration;
4. using System. Collections;
5. using System. Web;
6. using System. Web. Security;

```
7.    using System.Web.UI;
8.    using System.Web.UI.WebControls;
9.    using System.Web.UI.WebControls.WebParts;
10.   using System.Web.UI.HtmlControls;
11.   using System.Data.SqlClient;
12.   public partial class Demo4_2 : System.Web.UI.Page
13.   {
14.       protected void Page_Load(object sender, EventArgs e)
15.       {
16.           SqlConnection Con=new SqlConnection();
17.           Con.ConnectionString="server=.\\sql2005;database=网上书店;integrated security=sspi";
18.           try
19.           {
20.               Con.Open();
21.               Response.Write("数据库连接成功!");
22.               Con.Close();
23.           }
24.           catch(Exception)
25.           {
26.               Response.Write("数据库连接失败,请重试!");
27.               Con.Close();
28.           }
29.       }
30.   }
```

【代码分析】

- 第11行,引入System.Data.SqlClient命名空间,不引入此命名空间则不能使用SqlConnection类;
- 第16行,定义SqlConnection对象;
- 第17行,指定SqlConnection对象的连接字符串属性值。

运行结果如图4-4所示。

图4-4 使用SqlConnection对象连接数据库

课堂实践

1. 应用 OleDbConnection 对象建立与 train 数据库(Access)的连接。
2. 应用 SqlConnection 对象建立与网上书店数据库(SQL Server)的连接。

任务 4-3 执行数据库操作命令对象 Command

使用 Connection 对象成功地创建了数据库连接之后,接下来就可以使用 ADO.NET 提供的 Command 对象对数据源执行查询、添加、删除和修改等各种 SQL 命令了。其操作实现的方式可以使用 SQL 语句,也可以使用存储过程。

Command 对象要与采用的数据库连接方式相匹配,对于 OleDbConnection,采用的 Command 对象是 OleDbCommand 对象;对于 SqlConnection,采用的 Command 对象是 SqlCommand 对象。下面将详细介绍这两个命令对象。

4.3.1 OleDbCommand 对象

使用 OleDbCommand 对象来执行各个 SQL 语句,其语法格式如下:

格式1:OleDbCommand 对象名称=new OleDbCommand("SQL 语句",Connection 对象);
格式2:OleDbCommand 对象名称=new OleDbCommand();

若使用格式2来建立 OleDbCommand 对象,那么必须使用它所提供的属性来指定所要执行的 SQL 语句及要连接的 Connection 对象。OleDbCommand 对象的主要属性如表4-8所示。

表 4-8 OleDbCommand 对象的主要属性

属 性	说 明
CommandText	取得或设置要执行的 SQL 语句
CommandTimeout	取得或设置命令等待执行的超时时间,默认值为 30 秒
CommandType	取得或设置命令的种类,默认值为 Text
Connection	取得或设置 Command 对象所要连接的 Connection 对象

其中 CommandType 属性的可设置属性值共有三种,如表4-9所示。

表 4-9 CommandType 属性的可设置属性值

属性值	说 明
CommandType.Text	要执行的 SQL 语句,此为默认值
CommandType.TableDirect	表的名称
CommandType.StoredProcedure	数据库中的存储过程

📢【提示】
- 如果将 CommandType 属性设置为 CommandType.TableDirect,则 CommandText 值必须是该表的名称而非 SQL 语句,且方法会将表中的所有字段返回。

OleDbCommand 对象的主要方法如表4-10所示。

表 4-10　　　　　　　　　OleDbCommand 对象的主要方法

方　法	说　明
Cancel	结束执行 SQL 语句
Dispose	关闭 OleDbCommand 对象,并释放所占用的系统资源
ExecuteScalar	用于执行查询语句,并返回单一值或者结果集中的第一条记录的第一个字段的值。该方法适合于只有一个结果的查询,例如使用 Sum、Avg、Max、Min 等函数的 SQL 语句
ExecuteNonQuery	用于执行 SQL 语句,并返回 SQL 语句所影响的行数。该方法一般用于执行 Insert、Delete、Update 等语句
ExecuteReader	用于执行查询语句,并返回一个 DataReader 类型的行集合
ResetCommandTimeout	重设 CommandTimeout 属性值

【例 4-3】　使用 OleDbCommand 对象更新 Access 数据库数据。

在页面上设置 1 个 Label 控件,将其 ID 属性设置为"Labinfo",Text 属性设置为空,程序代码如下:

```
1.  using System;
2.  using System.Data;
3.  using System.Configuration;
4.  using System.Collections;
5.  using System.Web;
6.  using System.Web.Security;
7.  using System.Web.UI;
8.  using System.Web.UI.WebControls;
9.  using System.Web.UI.WebControls.WebParts;
10. using System.Web.UI.HtmlControls;
11. using System.Data.OleDb;
12. public partial class Demo4_3 : System.Web.UI.Page
13. {
14.     protected void Page_Load(object sender, EventArgs e)
15.     {
16.         OleDbConnection Con=new OleDbConnection();
17.         Con.ConnectionString="provider=microsoft.jet.oledb.4.0;data source="+Server.MapPath("App_Data\\train.mdb");
18.         OleDbCommand Com=new OleDbCommand();
19.         Com.Connection=Con;
20.         Com.CommandText="update tx_train_province set enName='beijing' where provinceID=1";
21.         try
22.         {
23.             Con.Open();
24.             try
25.             {
26.                 Com.ExecuteNonQuery();
27.                 this.Labinfo.Text="数据修改成功!";
```

```
28.             }
29.             catch(Exception)
30.             {
31.                 this.Labinfo.Text="SQL 操作命令错误,请重试!";
32.             }
33.             Con.Close();
34.         }
35.         catch(Exception)
36.         {
37.             this.Labinfo.Text="数据库连接失败,请重试!";
38.             Con.Close();
39.         }
40.     }
41. }
```

【代码分析】
- 第 18 行,定义 OleDbCommand 对象;
- 第 19 行,指定 OleDbCommand 对象的连接属性;
- 第 20 行,指定 OleDbCommand 对象的操作命令;
- 第 26 行,调用 OleDbCommand 对象的 ExecuteNonQuery()方法完成数据更新;
- 第 27 行,利用 Label 控件显示提示信息。

运行结果如图 4-5 所示。

图 4-5 使用 OleDbCommand 对象更新数据

【提示】
- 使用 Access 数据库,在更新数据时,一定要关闭 Access 数据库,否则更新不成功。

4.3.2 SqlCommand 对象

SqlCommand 对象用来对 SQL Server 数据库执行操作命令,其主要属性如表 4-11 所示。

表 4-11 SqlCommand 对象的主要属性

属 性	说 明
CommandText	获取或设置要执行的 SQL 语句或存储过程
CommandTimeout	获取或设置命令等待执行的超时时间,默认值为 30 秒

(续表)

属性	说明
CommandType	获取或设置命令的种类,默认值为 Text
Connection	获取或设置 Command 对象所要连接的 Connection 对象
Transaction	获取或设置在其中执行 SqlCommand 的事务
UpdatedRowSource	获取或设置命令结果在由 SqlDataAdapter 的 Update 方法使用时如何应用于 DataRow
Parameters	获得与该命令关联的参数集合

SqlCommand 对象的主要方法如表 4-12 所示。

表 4-12　　　　　　　　　　SqlCommand 对象的主要方法

方法	说明
Cancel	结束执行 SQL 语句
Dispose	关闭 Command 对象,并释放所占用的系统资源
ExecuteScalar	用于执行查询语句,并返回单一值或者结果集中的第一条记录的第一个字段的值。该方法适合于只有一个结果的查询,例如使用 Sum、Avg、Max、Min 等函数的 SQL 语句
ExecuteNonQuery	用于执行 SQL 语句,并返回 SQL 语句所影响的行数。该方法一般用于执行 insert、delete、update 等语句
ExecuteReader	用于执行查询语句,并返回一个 DataReader 类型的行集合
ResetCommandTimeout	重设 CommandTimeout 属性值

1. ExecuteNonQuery 方法

ExecuteNonQuery 方法执行更新操作,如与 update、delete 和 insert 语句有关的操作,在这些情况下,返回值是命令影响的行数。使用 ExecuteNonQuery 方法的代码如下:

```
SqlConnection Con=new SqlConnection();
Con.ConnectionString="连接字符串";
SqlCommand Com=new SqlCommand();
Com.Connection=Con;
Com.CommandText="数据更新命令";
Con.Open();
Com.ExecuteNonQuery();           //执行 Command 命令
Con.Close();
```

2. ExecuteReader 方法

ExecuteReader 方法通常与查询命令一起使用,并且返回一个数据读取器对象 SqlDataReader 类的一个实例。如果通过 ExecuteReader 方法执行一个更新语句,则该命令成功执行,但是不会返回任何受影响的数据行。使用 ExecuteReader 方法的代码如下:

```
SqlConnection Con=new SqlConnection();
Con.ConnectionString="连接字符串";
```

```
SqlCommand Com=new SqlCommand();
Com.Connection=Con;
Com.CommandText="查询语句";
Con.Open();
SqlDataReader SqlReader=Com.ExecuteReader();
while(SqlReader.Read())
{
    Response.Write(SqlReader[0]);          //输出第一个字段的内容
}
```

3. ExecuteScalar 方法

读者只想检索数据库信息中的一个值,而不需要返回表或数据流形式的数据,那么 Command 对象的 ExecuteScalar 方法就很有用了。例如只需要返回 count(*)、avg(价格)、sum(数量)等聚合函数的结果就可以使用此方法。如果在一个常规查询语句中调用该方法,则只读取第 1 行第 1 列的值,其他值将丢弃。使用 ExecuteScalar 方法的代码如下:

```
SqlConnection Con=new SqlConnection();
Con.ConnectionString="server=.\\sql2005;database=网上书店;integrated security=sspi";
SqlCommand Com=new SqlCommand();
Com.Connection=Con;
Com.CommandText="select avg(价格) from 图书表";
Con.Open();
Response.Write(Com.ExecuteScalar());          //输出图书的平均价格
```

【例 4-4】 使用 SqlCommand 对象更新数据库数据。

在页面上设置 1 个 Label 控件,将其 ID 属性设置为"Labinfo",Text 属性设置为空,程序代码如下:

```
1.   using System;
2.   using System.Data;
3.   using System.Configuration;
4.   using System.Collections;
5.   using System.Web;
6.   using System.Web.Security;
7.   using System.Web.UI;
8.   using System.Web.UI.WebControls;
9.   using System.Web.UI.WebControls.WebParts;
10.  using System.Web.UI.HtmlControls;
11.  using System.Data.SqlClient;
12.  public partial class Demo4_4 : System.Web.UI.Page
13.  {
14.      protected void Page_Load(object sender, EventArgs e)
15.      {
16.          SqlConnection Con=new SqlConnection();
```

```
17.     Con.ConnectionString="server=.\\sql2005;database=网上书店;integrated security=sspi";
18.     SqlCommand Com=new SqlCommand();
19.     Com.Connection=Con;
20.     Com.CommandText="update 图书表 set 图书名='中文版 Office 2007 教程' where 图书编号='10002'";
21.     try
22.     {
23.         Con.Open();
24.         try
25.         {
26.             Com.ExecuteNonQuery();
27.             this.Labinfo.Text="数据修改成功!";
28.         }
29.         catch(Exception)
30.         {
31.             this.Labinfo.Text="数据修改失败,请重试!";
32.         }
33.         Con.Close();
34.     }
35.     catch(Exception)
36.     {
37.         this.Labinfo.Text="数据库连接失败,请重试!";
38.         Con.Close();
39.     }
40. }
41. }
```

【代码分析】

- 第 18 行,定义 SqlCommand 对象;
- 第 19 行,指定 SqlCommand 对象的连接属性;
- 第 20 行,指定 SqlCommand 对象的操作命令;
- 第 26 行,调用 SqlCommand 对象的 ExecuteNonQuery()方法完成数据更新。

运行结果如图 4-6 所示。

图 4-6　使用 SqlCommand 对象修改数据

课堂实践

1. 利用 SqlCommand 对象的 ExecuteScalar 方法获得订单表中总金额之和。
2. 利用 OleDbCommand 对象的 ExecuteScalar 方法获得列车时刻表数据库中 tx_train_province（省份表）表中的记录总数。

任务 4-4 数据查询

4.4.1 DataReader

在与数据库的交互中，要获得数据访问的结果可用两种方法来实现，第一种是通过 DataReader 对象从数据源中获取数据并进行处理；第二种是通过 DataSet 对象将数据存放在内存中进行处理。

DataReader（数据读取器）可以顺序地从查询结果集中读取记录，它的特点是单向向前，速度快，占用内存少。使用 DataReader 对象无论在系统开销还是在性能方面都很有效，它在任何时候只缓存一条记录，并且没有将整个结果集载入内存中，从而避免了使用大量内存，大大提高了系统性能。

ADO.NET 有两种数据读取器对象，一种是 SqlDataReader 对象，在使用 SQL Server 数据库时，必须使用 SqlDataReader 对象，它属于 System.Data.SqlClient 命名空间；另一种是 OleDbDataReader 对象，使用非 SQL Server 数据库时使用，它属于 System.Data.OleDb 命名空间。

DataReader 对象的主要属性如表 4-13 所示。

表 4-13 DataReader 对象的主要属性

属性	说明
FieldCount	取得当前记录的字段数量
IsClosed	判断 DataReader 对象是否已关闭，返回值为 True 或 False
Item	取得指定字段的内容
RecordsAffected	取得执行非查询语句后，所影响的记录条数

其中 Item 属性有两种使用方法，如表 4-14 所示。

表 4-14 Item 属性的使用方法

使用方法	说明
Item("字段名称")	直接指定要取得内容的字段名称，例如 Item("账号")
Item(字段索引值)	以字段索引值的方式取得内容，例如 Item(0)，是取得第一个字段的内容

DataReader 对象的主要方法如表 4-15 所示。

表 4-15　　　　　　　　　　　DataReader 对象的主要方法

方　法	说　明
Close	关闭 DataReader 对象
GetBoolean	以布尔类型取得指定字段的数据,且该字段必须为布尔类型,否则会有错误产生
GetByte	以字节类型取得指定字段的数据,且该字段必须为字节类型,否则会有错误产生
GetChar	以字符类型取得指定字段的数据,且该字段必须为字符类型,否则会有错误产生
GetDateTime	以时间日期类型取得指定字段的数据,且该字段必须为时间日期类型,否则会有错误产生
GetDecimal	以数值类型取得指定字段的数据,且该字段必须为数值类型,否则会有错误产生
GetDouble	以双精度类型取得指定字段的数据,且该字段必须为双精度类型,否则会有错误产生
GetFloat	以浮点数类型取得指定字段的数据,且该字段必须为浮点数类型,否则会有错误产生
GetString	以字符串类型取得指定字段的数据,且该字段必须为字符串类型,否则会有错误产生
GetOrdinal	取得所指定的字段顺序
GetValue	以字段下标的方式取得数据内容
GetValues	取得当前记录的所有字段内容,返回值为整数
IsDbNull	判断所指定的字段内容是否有数据存在,若没有数据存在,则结果为 True
Read	读取下一条记录的内容,返回值为布尔类型,若有下一条记录存在,则返回值为 True
GetFieldType	取得字段的数据类型
GetName	取得字段的名称

DataReader 对象最重要的方法就是 Read,每次调用 Read 方法只能读取一条记录,前进到下一条记录,如果读取到记录则返回 True,否则返回 False。使用 GetValues 方法获取当前行中的所有属性列,也可以用 GetValue 方法获取指定序号处的列值。

下面以 SqlDataReader 对象为例,介绍数据读取器的应用。

【**例 4-5**】　使用 SqlDataReader 对象读取数据。

```
1.  using System;
2.  using System.Data;
3.  using System.Configuration;
4.  using System.Collections;
5.  using System.Web;
6.  using System.Web.Security;
7.  using System.Web.UI;
8.  using System.Web.UI.WebControls;
9.  using System.Web.UI.WebControls.WebParts;
10. using System.Web.UI.HtmlControls;
11. using System.Data.SqlClient;
12. public partial class Demo4_5 : System.Web.UI.Page
13. {
14.     protected void Page_Load(object sender, EventArgs e)
15.     {
16.         SqlConnection Con= new SqlConnection();
17.         Con.ConnectionString="server=.\\sql2005;database=网上书店;integrated security=sspi";
```

```
18.     SqlCommand Com=new SqlCommand();
19.     Com.Connection=Con;
20.     Com.CommandText="select * from 图书类型表";
21.     try
22.     {
23.         Con.Open();
24.         SqlDataReader SqlReader=Com.ExecuteReader();
25.         Response.Write("编号"+" "+"类型名"+"<br>");
26.         while(SqlReader.Read())         //读取记录
27.         {
28.             Response.Write(SqlReader[0]+" "+SqlReader[1]+"<br>");
                //输出每条记录的第一个字段与第二个字段的值
29.         }
30.         SqlReader.Close();
31.         Con.Close();
32.     }
33.     catch(Exception)
34.     {
35.         Response.Write("数据访问出现异常,请检查!");
36.         Con.Close();
37.     }
38. }
39. }
```

【代码分析】

● 第 24 行,定义 SqlDataReader 对象并初始化,这里要注意 SqlDataReader 对象不能用 new 初始化,必须用 SqlCommand 对象的 ExecuteReader 方法初始化;

● 第 26 行,用 Read 方法来遍历整个结果集,不需要显示地向前移动指针,或者检查文件的结束,如果没有要读取的记录了,则 Read 方法返回 False;

● 第 28 行,输出每条记录相应字段的值,SqlReader[0]表示当前记录的第一个字段,SqlReader[1]表示当前记录的第二个字段,SqlReader[0]也可以写成 SqlReader["类型编号"],或者写成 SqlReader.GetValue(0);

● 第 30 行,关闭读取器对象,但是并不关闭数据库连接。

运行结果如图 4-7 所示。

OleDbDataReader 对象的使用和 SqlDataReader 对象使用基本相似,这里就不再举例子了,读者可以仿照上面的例子自己去完成。

4.4.2 DataAdapter

DataAdapter 对象(数据适配器对象)是一种用来充当数据集与实际数据源之间的桥梁的对象。使用数据适配器在应用程序和数据库之间通信,数据适配器可以将数据从数据库读入数据集,也可以将数据集中已更改的数据写回数据库。

DataAdapter 对象有两种类型,分别是 OleDbDataAdapter 和 SqlDataAdapter,

图 4-7 使用 SqlDataReader 对象读取数据

SqlDataAdapter 对象用于特定的 SQL Server 数据库,OleDbDataAdapter 对象则用于由 OLE DB 提供程序公开的任何数据源。SqlDataAdapter 对象不必通过 OLE DB 层,因此它比 OleDbDataAdapter 快。下面介绍 SqlDataAdapter 对象。

SqlDataAdapter 对象的主要属性如表 4-16 所示。

表 4-16　　　　　　　　SqlDataAdapter 对象的主要属性

属　性	说　明
AcceptChangesDuringFill	此参数决定当 DataRow 添加到 DataTable 后,是否调用 DataRow 对象和 AcceptChanges 方法
MissingMappingAction	此参数决定当输入的数据不匹配表或字段时,所需要采取的行动
MissingSchemaAction	此参数决定当输入的数据不匹配已有的 DataSet 的结构时,所需要采取的行动
TableMappings	返回一个表集合
DeleteCommand	获取或设置一个 SQL 语句或存储过程,用于从数据集中删除记录
InsertCommand	获取或设置一个 SQL 语句或存储过程,用于在数据源中插入新记录
SelectCommand	获取或设置一个 SQL 语句或存储过程,用于在数据源中选择记录
UpdateCommand	获取或设置一个 SQL 语句或存储过程,用于更新数据源中的正确记录

SqlDataAdapter 对象的主要方法如表 4-17 所示。

表 4-17　　　　　　　　SqlDataAdapter 对象的主要方法

方　法	说　明
Fill	添加或更新 DataSet 中的记录,使其与数据源中的记录一致
FillSchema	添加或更新 DataSet 中的结构,使其与数据源的记录结构保持一致
Update	返回用户在执行 Select 命令时所设定的参数
GetFillParameters	对 DataSet 对象调用 insert、update、delete 语句来插入、更新、删除数据

总之,利用数据适配器可以从数据库中读取数据填充到数据集,也可以将数据集中数据的修改写回到数据库中。在介绍完 DataSet 后,再一起举例。

4.4.3　DataSet

DataSet 对象(数据集对象)是数据库数据的内存驻留表示形式,无论数据源是什么,都会提供一致的关系编程模型。它可以用于多种不同的数据源;用于 XML 数据,或用于管理应用程序本地的数据。一个 DataSet 对象表示包括相关表、约束和表间关系在内的整个数据集。DataSet 对象是支持 ADO.NET 的断开式或分布式数据方案的核心对象,DataSet 对象结构模型如图 4-8 所示。

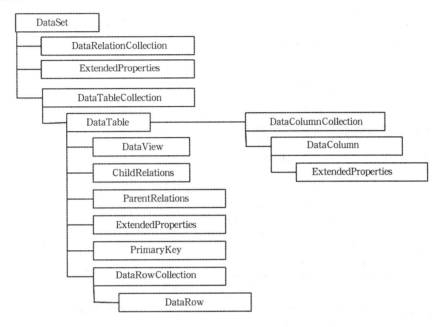

图 4-8 DataSet 对象结构模型

在 DataSet 对象结构模型中,一个非常重要的对象就是 DataTable,它表示内存驻留数据的单个表。其中包含了表的关系、关键字及其约束等信息。一个 DataTable 表是数据行(DataRow)和列(DataColumn)的集合。

DataSet 对象的主要属性如表 4-18 所示。

表 4-18 DataSet 对象的主要属性

属 性	说 明
Tables	取得在 DataSet 对象中的 DataTable 集合
CaseSensitive	获取或设置一个值,该值指示 DataTable 对象中的字符串比较是否区分大小写
Container	获取组件的容器
DataSetName	获取或设置当前 DataSet 的名称
DefaultViewManager	获取 DataSet 所包含的数据的自定义视图,该数据集允许使用自定义的 DefaultViewManager 进行筛选、搜索和导航
EnforceConstraints	获取或设置一个值,该值指示在尝试执行任何更新操作时是否遵循约束规则
HasErrors	获取一个值,该值指示此 DataSet 的任何表的任何行中是否有错误
NameSpace	获取或设置 DataSet 的命名空间
Prefix	获取或设置一个 XML 前缀,该前缀是 DataSet 的命名空间的别名
Relations	获取数据表之间关系的集合

接下来看看如何使用 Table 属性取得记录的内容,表 4-19 是它的使用方法。

表 4-19　　　　　　　　　　Table 属性的使用方法

使用方法	说　明
Columns.Count	取得字段名称
Columns(索引值)	取得指定字段的名称
Row.Count	取得位于 DataSet 表中的记录条数
Row(索引值).Item(索引值)	取得指定记录的字段值

可见，要取得字段名称，只需要用 Columns(索引值)即可完成，但是使用 Row(索引值)取得的并非是该条记录内的所有字段内容，此时需要再搭配 Item(索引值)来取得指定字段的内容。此外 Item 属性除了可使用索引值的方式外，还可使用直接指定字段名称的方式。

DataSet 对象的主要方法如表 4-20 所示。

表 4-20　　　　　　　　　　DataSet 对象的主要方法

方　法	说　明
AcceptChanges	提交自加载此 DataSet 或上次调用 AcceptChanges 以来对 DataSet 进行的所有更改
Clear	通过移除所有表中的所有行来清除任何数据的 DataSet
Clone	复制 DataSet 的结构，包括所有 DataTable 架构、关系和约束。不复制任何数据
Copy	复制该 DataSet 的结构和数据
Dispose	释放由 MarshalByValueComponent 使用的资源
GetChanges	获取 DataSet 的副本，该副本包含自上次加载以来或自调用 AcceptChanges 以来对该数据集进行的所有更改
GetHashCode	用作特定类型的哈希函数，适合在哈希算法和数据结构(如哈希表)中使用
GetXml	返回存储在 DataSet 中的数据的 XML 表示形式
GetXmlSchema	返回存储在 DataSet 中的数据的 XML 表示形式的 XSD 架构
HasChanges	获取一个值，该值指示 DataSet 是否有更改，包括新增行、已删除的行或已修改的行
InferXmlSchema	将 XML 架构应用于 DataSet
Merge	将指定的 DataSet、DataTable 或 DataRow 对象的数组合并到当前的 DataSet 或 DataTable 中
ReadXml	将 XML 架构和数据读入 DataSet
ReadXmlSchema	将 XML 架构读入 DataSet
RejectChanges	回滚自创建 DataSet 以来或上次调用 DataSet.AcceptChanges 以来对 DataSet 进行的所有更改
Reset	将 DataSet 重置为其初始状态。子类应重写 Reset，以便将 DataSet 还原到其原始状态
WriteXml	从 DataSet 写 XML 数据，还可以选择写架构
WriteXmlSchema	写 XML 架构形式的 DataSet 结构

DataSet 对象是数据缓存，与数据源并不相连，但却具有和数据源完全类似的结构。它虽然和数据源很类似，但 DataSet 对象并不直接与数据源交互。因此，对于任何类型的数据源，DataSet 都保持统一的编程模型。这样做的另一个好处是在对数据源的数据做更新之前，可以在 DataSet 中先验证更新数据的合理性，随后再使用 DataAdapter 对象更新数据源中的数据。DataSet 对象有很多 XML 的特性，包括可以输入、输出、处理 XML 数据和 XML 视图。

【例 4-6】 使用 SqlDataAdapter 对象填充 DataSet,对网上书店数据库中的会员表进行操作。

```
1.  using System;
2.  using System.Data;
3.  using System.Configuration;
4.  using System.Collections;
5.  using System.Web;
6.  using System.Web.Security;
7.  using System.Web.UI;
8.  using System.Web.UI.WebControls;
9.  using System.Web.UI.WebControls.WebParts;
10. using System.Web.UI.HtmlControls;
11. using System.Data.SqlClient;
12. public partial class Demo4_6 : System.Web.UI.Page
13. {
14.     protected void Page_Load(object sender, EventArgs e)
15.     {
16.         SqlConnection Con = new SqlConnection();
17.         Con.ConnectionString = "server=.\\sql2005;database=网上书店;integrated security=sspi";
18.         SqlCommand Com = new SqlCommand();
19.         Com.Connection = Con;
20.         Com.CommandText = "select * from 会员表";
21.         SqlDataAdapter Da = new SqlDataAdapter();
22.         Da.SelectCommand = Com;
23.         DataSet Ds = new DataSet();
24.         try
25.         {
26.             Con.Open();
27.         }
28.         catch(SqlException)
29.         {
30.             Response.Write("数据库连接不成功,请检查!");
31.             Con.Close();
32.         }
33.         try
34.         {
35.             Ds.Clear();
36.             Da.Fill(Ds,"会员表");
37.         }
38.         catch(SqlException)
39.         {
40.             Response.Write("数据操作出现异常,请检查!");
41.             Con.Close();
42.         }
```

```
43.         try
44.         {
45.             if(Ds.Tables["会员表"].Rows.Count==0)
46.             {
47.                 Response.Write("没有查询到数据,请重试!");
48.             }
49.             else
50.             {
51.                 Response.Write("会员名"+" "+"姓名"+" "+"手机"+"<br>");
52.                 for(int i=0;i<Ds.Tables["会员表"].Rows.Count;i++)
53.                 {
54.                     Response.Write(Ds.Tables["会员表"].Rows[i]["会员名"]);
55.                     Response.Write(Ds.Tables["会员表"].Rows[i]["姓名"]);
56.                     Response.Write(Ds.Tables["会员表"].Rows[i]["手机"]);
57.                     Response.Write("<br>");
58.                 }
59.             }
60.         }
61.         catch(SqlException )
62.         {
63.             Response.Write("没有数据,请重试!");
64.             Con.Close();
65.         }
66.         Con.Close();
67.     }
68. }
```

【代码分析】

- 第 21 行,定义 SqlDataAdapter 对象;
- 第 22 行,指定 SqlDataAdapter 对象的 SelectCommand 属性值为 SqlCommand 对象;
- 第 23 行,定义 DataSet 对象;
- 第 35 行,清除数据集中的数据;
- 第 36 行,利用 SqlDataAdapter 对象的 Fill 方法将数据填充到数据集,查询出来的数据保存在数据集中被命名为"会员表"的表中,此处的"会员表"表名是程序员自己定义的,读者可以根据自己的需要进行命名,也可以不写表名,直接将此语句写成"Da.Fill(Ds)",但是不推荐用这种方式;
- 第 45 行,判断数据集中有没有记录,Tables["会员名"]表示数据集中的当前表;
- 第 52~58 行,输出数据集中的数据,其中第 54 行输出会员名信息,如果会员名字段是数据集中的第一个字段,则 Ds.Tables["会员表"].Rows[i]["会员名"]可以写成 Ds.Tables["会员表"].Rows[i][0],若"会员表"为数据集中的第一张表,可以写成 Ds.Tables[0].Rows[i][0],还可以写成 Ds.Tables["会员表"].Rows[i].ItemArray[0]。

运行结果如图 4-9 所示。

图 4-9 使用 SqlDataAdapter 对象填充 DataSet

【提示】

- 在例 4-6 的程序代码中,读者可能会发现用了多组 try…catch 结构,这里只想提醒各位读者,为了保证所编写的程序减少异常的出现,最好将会产生异常的语句都放入 try…catch 结构中。
- 访问某个数据列可用 Ds.Tables[0].Columns[i],由数据列的 ColumnName 属性得到列名,由数据列的 DataType 属性得到列的数据类型。
- 访问某个单元格的方法是先访问数据行再访问数据列,可用 Ds.Tables[0].Rows[i][j]得到单元格内容。

课堂实践

1. 使用 OleDbDataReader 对象读取列车时刻表数据库中 tx_train_province(省份表)表的数据。
2. 使用 SqlDataReader 对象读取网上书店数据库中图书表的数据。
3. 使用 SqlDataAdapter 对象将网上书店数据库中图书表的数据填充到 DataSet。

任务 4-5 数据更新

因为 ADO.NET 对象可以分为两大类,一类是直接连接的访问对象,一类是与数据源无关的断开式访问对象,所以在数据更新中可以直接使用 SQL 语句更新数据和利用数据集更新数据。使用 SQL 语句可以新增数据、修改数据和删除数据,分别用到 SQL 命令 insert、update 和 delete 来完成,这是一种直接的更新数据的方法,但很难体现 ADO.NET 中的"断开式"访问数据库的好处;另一种就是利用 DataSet 更新数据,利用这种方法读者可以更好地理解"断开式"访问对象到底是怎么回事。接下来介绍使用 SQL 命令更新数据的方法。

4.5.1 使用 SQL 命令更新数据

使用 SQL 语句可以新增数据、修改数据和删除数据,这里以网上书店数据库中的会员表为例来介绍使用 SQL 命令更新数据的方法。

1. 使用 SQL 命令新增数据

使用 SQL 命令新增数据也就是使用 insert 命令语句来完成数据的新增,下面来看例子。

【例 4-7】 使用 SQL 命令新增数据。

```
1.  using System;
2.  using System.Data;
3.  using System.Configuration;
4.  using System.Collections;
5.  using System.Web;
6.  using System.Web.Security;
7.  using System.Web.UI;
8.  using System.Web.UI.WebControls;
9.  using System.Web.UI.WebControls.WebParts;
10. using System.Web.UI.HtmlControls;
11. using System.Data.SqlClient;
12. public partial class Demo4_7 : System.Web.UI.Page
13. {
14.     protected void Page_Load(object sender, EventArgs e)
15.     {
16.         SqlConnection Con=new SqlConnection();
17.         Con.ConnectionString="server=.\\sql2005;database=网上书店;integrated security=sspi";
18.         SqlCommand Com=new SqlCommand();
19.         Com.Connection=Con;
20.         Com.CommandText="insert into 会员表(会员名,密码,姓名,性别,出生日期,联系地址,联系电话,手机,邮政编码,身份证号)"
            +"values('nyz','123','宁云智','男','1980-01-25','湖南铁道职业技术学院信息工程系','0733-6137366','13588888888','412001','430533196701253456')";
21.         try
22.         {
23.             Con.Open();
24.         }
25.         catch(Exception)
26.         {
27.             Response.Write("数据库连接打不开,请重试!");
28.             Con.Close();
29.         }
30.         try
31.         {
32.             Com.ExecuteNonQuery();
33.             Response.Write("数据新增成功!");
34.             Con.Close();
35.         }
36.         catch(SqlException)
37.         {
38.             Response.Write("数据新增不成功,SQL 语句有错或者关键字冲突,请检查!");
39.             Con.Close();
40.         }
41.     }
42. }
```

【代码分析】
- 第16行,定义数据库连接对象;
- 第17行,指定数据库连接对象的连接字符串;
- 第18行,定义命令对象;
- 第19行,指定命令对象的连接属性;
- 第20行,指定新增数据的SQL语句,这个插入语句太长了,在程序中进行了分行,请读者注意分行语句的写法;
- 第32行,调用命令对象的ExecuteNonQuery方法完成数据更新。

运行结果如图4-10所示。

图4-10 使用SQL语句新增数据成功

【提示】
- 在例4-7的程序代码中,读者可以发现操作命令的SQL语句与数据库当中的插入语句是相同的,所以到了这里读者要明白使用SQL语句更新数据就是用数据库当中所学到的插入语句、修改语句和删除语句来完成的。

2. 使用SQL命令修改数据

使用SQL命令修改数据也就是使用update命令语句来完成数据的修改,下面来看例子。

【例4-8】 使用SQL命令修改数据。

```
1.  using System;
2.  using System.Data;
3.  using System.Configuration;
4.  using System.Collections;
5.  using System.Web;
6.  using System.Web.Security;
7.  using System.Web.UI;
8.  using System.Web.UI.WebControls;
9.  using System.Web.UI.WebControls.WebParts;
10. using System.Web.UI.HtmlControls;
11. using System.Data.SqlClient;
12. public partial class Demo4_8 : System.Web.UI.Page
13. {
14.     protected void Page_Load(object sender, EventArgs e)
15.     {
```

```
16.    SqlConnection Con=new SqlConnection();
17.    Con.ConnectionString="server=.\\sql2005;database=网上书店;integrated security=sspi";
18.    SqlCommand Com=new SqlCommand();
19.    Com.Connection=Con;
20.    Com.CommandText="update 会员表 set 密码='nyz',手机='15852186888' where 会
       员名='nyz'";
21.    try
22.    {
23.        Con.Open();
24.    }
25.    catch(Exception)
26.    {
27.        Response.Write("数据库连接打不开,请重试!");
28.        Con.Close();
29.    }
30.    try
31.    {
32.        Com.ExecuteNonQuery();
33.        Response.Write("数据修改成功!");
34.        Con.Close();
35.    }
36.    catch(SqlException)
37.    {
38.        Response.Write("数据修改不成功,SQL 语句有错,请检查!");
39.        Con.Close();
40.    }
41.    }
42. }
```

【代码分析】

● 第 20 行,指定修改数据的 SQL 语句,在 update 语句中读者一定要记住后面必须带 where 子句,否则会将表中的记录全部修改;

● 第 32 行,调用命令对象的 ExecuteNonQuery 方法完成数据更新。

运行结果如图 4-11 所示。

图 4-11　使用 SQL 语句修改数据成功

3. 使用 SQL 命令删除数据

使用 SQL 命令删除数据也就是使用 delete 命令语句来完成数据的删除，下面来看例子。

【例 4-9】 使用 SQL 命令删除数据。

```
1.  using System;
2.  using System.Data;
3.  using System.Configuration;
4.  using System.Collections;
5.  using System.Web;
6.  using System.Web.Security;
7.  using System.Web.UI;
8.  using System.Web.UI.WebControls;
9.  using System.Web.UI.WebControls.WebParts;
10. using System.Web.UI.HtmlControls;
11. using System.Data.SqlClient;
12. public partial class Demo4_9 : System.Web.UI.Page
13. {
14.     protected void Page_Load(object sender, EventArgs e)
15.     {
16.         SqlConnection Con=new SqlConnection();
17.         Con.ConnectionString="server=.\\sql2005;database=网上书店;integrated security=sspi";
18.         SqlCommand Com=new SqlCommand();
19.         Com.Connection=Con;
20.         Com.CommandText="delete 会员表 where 会员名='nyz'";
21.         try
22.         {
23.             Con.Open();
24.         }
25.         catch(Exception)
26.         {
27.             Response.Write("数据库连接打不开,请重试!");
28.             Con.Close();
29.         }
30.         try
31.         {
32.             Com.ExecuteNonQuery();
33.             Response.Write("数据删除成功!");
34.             Con.Close();
35.         }
36.         catch(SqlException)
37.         {
38.             Response.Write("数据删除不成功,请检查 SQL 语句!");
39.             Con.Close();
40.         }
41.     }
42. }
```

【代码分析】

- 第20行，指定删除数据的 SQL 语句，在 delete 语句中读者一定要记住后面必须带 where 子句，否则会将表中的记录全部删除；
- 第32行，调用命令对象的 ExecuteNonQuery 方法完成数据更新。

运行结果如图 4-12 所示。

图 4-12 使用 SQL 语句删除数据成功

【提示】

- 从这一节的3个例子中，读者应该可以发现数据的新增、修改和删除程序代码基本相同，只是 SQL 语句不同而已，所以可以将数据更新写成一个公共方法，每一次数据要更新时，只要传一个 SQL 语句给公共方法就可以完成相应的数据更新操作。读者可以思考怎样去写这样一个数据更新方法，在后面将介绍。
- 读者也许会有这样的疑问，这一节的3个例子没有一点灵活性，如果要更新其他记录的数据，必须修改 SQL 语句，这样太麻烦了。读者可以思考怎样让 SQL 语句变得更加灵活，更加符合具体项目开发的需要，提醒大家可以使用变量接收前台输入的数据，在后面将详细介绍。

前面介绍的使用 SQL 命令更新数据是采用 ADO.NET 中提供的直接连接访问对象来完成的，下面介绍使用断开式访问对象来更新数据。

4.5.2 利用数据集 DataSet 更新数据

这里以网上书店数据库中的会员表为例来介绍利用数据集 DataSet 更新数据的方法。利用数据集更新数据就是首先将要操作的数据调入到 DataSet 中，然后通过 SqlDataAdapter 对象和 SqlCommandBuilder 对象的相应方法来完成相应的操作，但它们的使用离不开 DataTable 对象和 DataRow 对象。接下来介绍 DataTable 对象和 DataRow 对象。

1. DataTable 对象

DataTable 表示一个内存中的数据表，可以独立创建和使用，也可以由其他.NET Framework 对象使用，最常见的情况是作为 DataSet 的成员使用。可以使用相应的 DataTable 构造函数创建 DataTable 对象。可以通过使用 Add 方法将其添加到 DataTable 对象的 Tables 集合中，将其添加到 DataSet 中。其主要属性如表 4-21 所示。

表 4-21　　　　　　　　　　DataTable 对象的主要属性

属　性	说　明
CaseSensitive	指示表中的字符串比较是否区分大小写
ChildRelations	获取此 DataTable 的子关系的集合
Columns	获取属于该表的列的集合
Constraints	获取由该表维护的约束的集合
Container	获取组件的容器（从 MarshalByValueComponent 继承）
DataSet	获取此表所属的 DataSet
DefaultView	获取可能包括筛选视图或游标位置的表的自定义视图
DesignMode	获取指示组件当前是否处于设计模式的值（从 MarshalByValueComponent 继承）
DisplayExpression	获取或设置一个表达式，该表达式返回的值用于表示用户界面中的此表
ExtendedProperties	获取自定义用户信息的集合
HasErrors	获取一个值，该值指示该表所属的 DataSet 的任何表的任何行中是否有错误
IsInitialized	获取一个值，该值指示是否已初始化 DataTable
Locale	获取或设置用于比较表中字符串的区域设置信息
MinimumCapacity	获取或设置该表最初的起始大小
ParentRelations	获取该 DataTable 的父关系的集合
Prefix	获取或设置 DataTable 中所存储数据的 XML 表示形式的命名空间
PrimaryKey	获取或设置充当数据表主键的列的数组
RemotingFormat	获取或设置序列化格式
Rows	获取属于该表的行的集合
Site	获取或设置 DataTable 的 System.ComponentModel.ISite
TableName	获取或设置 DataTable 的名称

DataTable 对象的常用方法如表 4-22 所示。

表 4-22　　　　　　　　　　DataTable 对象的常用方法

方　法	说　明
AcceptChanges	提交自上次调用 AcceptChanges 以来对该表进行的所有更改
BeginInit	开始初始化在窗体上使用或由另一个组件使用的 DataTable。此初始化在运行时发生
BeginLoadData	在加载数据时关闭通知、索引维护和约束
Clear	清除所有数据的 DataTable
Clone	克隆 DataTable 的结构，包括所有 DataTable 架构和约束
Compute	计算用来传递筛选条件的当前行上的给定表达式
Copy	复制该 DataTable 的结构和数据
CreateDataReader	返回与此 DataTable 中的数据相对应的 DataTableReader
Dispose	释放由 MarshalByValueComponent 占用的资源（从 MarshalByValueComponent 继承）
EndInit	结束在窗体上使用或由另一个组件使用的 DataTable 的初始化。此初始化在运行时发生
EndLoadData	在加载数据后打开通知、索引维护和约束
Equals	确定两个 Object 实例是否相等（从 Object 继承）

(续表)

方 法	说 明
GetChanges	获取 DataTable 的副本,该副本包含自上次加载以来或自调用 AcceptChanges 以来对该数据集进行的所有更改
GetDataTableSchema	此方法返回 XmlSchemaSet 实例,此实例包含描述 Web 服务的 DataTable 的 WSDL
GetErrors	获取包含错误的 DataRow 对象的数组
GetHashCode	用作特定类型的哈希函数。GetHashCode 适合在哈希算法和数据结构(如哈希表)中使用(从 Object 继承)
GetObjectData	用序列化 DataTable 所需的数据填充序列化信息对象
GetService	获取 IServiceProvider 的实施者(从 MarshalByValueComponent 继承)
GetType	获取当前实例的 Type(从 Object 继承)
ImportRow	将 DataRow 复制到 DataTable 中,保留任何属性设置以及初始值和当前值
Load	通过所提供的 IDataReader,用某个数据源的值填充 DataTable。如果 DataTable 已经包含行,则从数据源传入的数据将与现有的行合并
LoadDataRow	查找和更新特定行。如果找不到任何匹配行,则使用给定值创建新行
Merge	将指定的 DataTable 与当前的 DataTable 合并
NewRow	创建与该表具有相同架构的新 DataRow
ReadXml	将 XML 架构和数据读入 DataTable
ReadXmlSchema	将 XML 架构读入 DataTable
ReferenceEquals	确定指定的 Object 实例是否是相同的实例(从 Object 继承)
RejectChanges	回滚自该表加载以来或上次调用 AcceptChanges 以来对该表进行的所有更改
Reset	将 DataTable 重置为其初始状态
Select	获取 DataRow 对象的数组
WriteXml	将 DataTable 的当前内容以 XML 格式写入
WriteXmlSchema	将 DataTable 的当前数据结构以 XML 架构形式写入

2. DataRow 对象

DataRow 表示 DataTable 中的一行数据。其主要属性如表 4-23 所示。

表 4-23　　　　　　　　　　DataRow 的主要属性

属 性	说 明
HasErrors	获取一个值,该值指示某行是否包含错误
Item	已重载。获取或设置存储在指定列中的数据
ItemArray	通过一个数组来获取或设置此行的所有值
RowError	获取或设置行的自定义错误说明
RowState	获取与该行和 DataRowCollection 的关系相关的当前状态
Table	获取该行拥有其架构的 DataTable

DataRow 对象的常用方法如表 4-24 所示。

表 4-24　　　　　　　　　DataRow 对象的常用方法

方 法	说 明
AcceptChanges	提交自上次调用 AcceptChanges 以来对该行进行的所有更改
BeginEdit	对 DataRow 对象开始编辑操作
CancelEdit	取消对该行的当前编辑
ClearErrors	清除行的错误。这包括 RowError 和用 SetColumnError 设置的错误
Delete	删除 DataRow
EndEdit	终止发生在该行的编辑
Equals	确定两个 Object 实例是否相等(从 Object 继承)
GetChildRows	获取 DataRow 的子行
GetColumnError	获取列的错误说明
GetColumnsInError	获取包含错误的列的数组
GetHashCode	用作特定类型的哈希函数。GetHashCode 适合在哈希算法和数据结构(如哈希表)中使用(从 Object 继承)
GetParentRow	获取 DataRow 的父行
GetParentRows	获取 DataRow 的父行
GetType	获取当前实例的 Type(从 Object 继承)
HasVersion	获取一个值,该值指示指定的版本是否存在
IsNull	获取一个值,该值指示指定的列是否包含空值
ReferenceEquals	确定指定的 Object 实例是否是相同的实例(从 Object 继承)
RejectChanges	拒绝自上次调用 AcceptChanges 以来对该行进行的所有更改
SetAdded	将 DataRow 的 Rowstate 更改为 Added
SetColumnError	为列设置错误说明
SetModified	将 DataRow 的 Rowstate 更改为 Modified
SetParentRow	设置 DataRow 的父行

接下来介绍使用断开式访问对象更新数据的方法。

3. 利用 DataSet 新增数据

如果想向数据集中加一个数据行,可以调用数据表的 NewRow()方法来添加一个新的数据行。请看下面的例子。

【例 4-10】　利用 DataSet 新增数据。

```
1.  using System;
2.  using System.Data;
3.  using System.Configuration;
4.  using System.Collections;
5.  using System.Web;
6.  using System.Web.Security;
7.  using System.Web.UI;
8.  using System.Web.UI.WebControls;
9.  using System.Web.UI.WebControls.WebParts;
10. using System.Web.UI.HtmlControls;
```

11. using System.Data.SqlClient;
12. public partial class Demo4_10 : System.Web.UI.Page
13. {
14.   protected void Page_Load(object sender, EventArgs e)
15.   {
16.   SqlConnection Con=new SqlConnection();
17.   Con.ConnectionString="server=.\\sql2005;database=网上书店;integrated security=sspi";
18.   SqlCommand Com=new SqlCommand();
19.   Com.Connection=Con;
20.   Com.CommandText="select * from 会员表";
21.   SqlDataAdapter Da=new SqlDataAdapter();
22.   Da.SelectCommand=Com;
23.   DataSet Ds=new DataSet();
24.   try
25.   {
26.   Ds.Clear();
27.   Con.Open();
28.   Da.Fill(Ds,"会员表");
29.   Con.Close();
30.   DataTable Dtemp=new DataTable();
31.   Dtemp=Ds.Tables["会员表"];
32.   DataRow Dr=Dtemp.NewRow();
33.   Dr[0]="nyz";
34.   Dr[1]="123";
35.   Dr[2]="宁云智";
36.   Dr[3]="男";
37.   Dr[4]="1980-01-25";
38.   Dr[5]="湖南铁道职业技术学院";
39.   Dr[6]="0733-6137366";
40.   Dr[7]="13588888888";
41.   Dr[8]="412001";
42.   Dr[9]="430533196701213456";
43.   Dtemp.Rows.Add(Dr);
44.   SqlCommandBuilder Scb=new SqlCommandBuilder(Da);
45.   Da.InsertCommand=Scb.GetInsertCommand();
46.   Da.Update(Dtemp);
47.   Response.Write("数据行新增成功!");
48.   }
49.   catch(Exception)
50.   {
51.   Response.Write("数据操作出现异常,请检查!");
52.   Con.Close();
53.   }
54.   }
55. }

【代码分析】
- 第 26 行,清空数据集中的数据;
- 第 27 行,打开数据库连接;
- 第 28 行,填充数据到数据集并创建"会员表";
- 第 29 行,关闭数据库连接,这里关闭数据库连接主要是为了说明断开式访问对象的应用,关闭数据库连接之后,数据更新同样成功,只是它更新的数据是数据集中的数据,并没有直接更新数据库中的数据,必须用其他语句更新数据库数据,这样对数据更加安全,如果采用直接连接访问对象关闭数据库连接之后就不能再更新数据了;
- 第 30~31 行,定义 DataTable 对象并赋值;
- 第 32 行,定义 DataRow 对象并产生一个新行,此处不能用 New 创建新行;
- 第 33~42 行,指定新行中每一个字段的值;
- 第 43 行,利用 Add 方法将新行添加到 DataTable 对象,这个时候新增的数据已经添加到了数据集中,并没有添加到数据库中;
- 第 44 行,定义 SqlCommandBuilder 对象,并由数据适配器对象创建 SqlCommandBuilder 对象;
- 第 45 行,由 SqlCommandBuilder 对象获取新增数据的操作,并设置为数据适配器对象的新增命令对象;
- 第 46 行,执行数据适配器对象的 Update 方法更新数据库中的数据。

运行结果如图 4-13 所示。

图 4-13 利用 DataSet 新增数据

【提示】
- 请读者设置断点调试例子的程序,并利用"命令窗口"查看数据集中数据的变化,当数据添加到数据集时,是不是也添加到数据库中?体会断开式访问到底是什么含意。

4. 利用 DataSet 修改数据

利用 DataTable 对象的 Rows 属性来修改数据行数据,请看下面的例子。

【例 4-11】 利用 DataSet 修改数据。

```
1.  using System;
2.  using System.Data;
3.  using System.Configuration;
4.  using System.Collections;
```

5. using System.Web;
6. using System.Web.Security;
7. using System.Web.UI;
8. using System.Web.UI.WebControls;
9. using System.Web.UI.WebControls.WebParts;
10. using System.Web.UI.HtmlControls;
11. using System.Data.SqlClient;
12. public partial class Demo4_11 : System.Web.UI.Page
13. {
14.   protected void Page_Load(object sender, EventArgs e)
15.   {
16.   SqlConnection Con=new SqlConnection();
17.   Con.ConnectionString="server=.\\sql2005;database=网上书店;integrated security=sspi";
18.   SqlCommand Com=new SqlCommand();
19.   Com.Connection=Con;
20.   Com.CommandText="select * from 会员表";
21.   SqlDataAdapter Da=new SqlDataAdapter();
22.   Da.SelectCommand=Com;
23.   DataSet Ds=new DataSet();
24.   try
25.   {
26.   Con.Open();
27.   Da.Fill(Ds,"会员表");
28.   DataTable Dtemp=new DataTable();
29.   Dtemp=Ds.Tables["会员表"];
30.   DataRow Dr=Dtemp.Rows[2];
31.   Dtemp.Rows[2][1]="nyz";//修改密码
32.   SqlCommandBuilder Scb=new SqlCommandBuilder(Da);
33.   Da.UpdateCommand=Scb.GetUpdateCommand();
34.   Da.Update(Dtemp);
35.   Response.Write("数据修改成功!");
36.   Con.Close();
37.   }
38.   catch(Exception)
39.   {
40.   Response.Write("数据操作出现异常,请检查!");
41.   Con.Close();
42.   }
43.   }
44. }

【代码分析】
- 第30行,定义DataRow对象并利用DataTable对象的Rows属性指定的行初始化;

- 第 31 行,修改指定单元格数据的值,Dtemp.Rows[2][1]指的是第 3 行的第 2 列;
- 第 32 行,定义 SqlCommandBuilder 对象,并由数据适配器对象创建 SqlCommandBuilder 对象;
- 第 33 行,由 SqlCommandBuilder 对象获取修改数据的操作,并设置为数据适配器对象的修改命令对象。

运行结果如图 4-14 所示。

图 4-14　利用 DataSet 修改数据

5. 利用 DataSet 删除数据

利用 DataSet 删除数据就是利用 DataRow 对象的 Delete 方法删除数据集中的行,并利用 DataTable 对象的 AcceptChanges 方法删除数据库中的数据,从而达到删除数据的目的,请看下面删除数据的例子。

【例 4-12】　利用 DataSet 删除数据。

```
1.  using System;
2.  using System.Data;
3.  using System.Configuration;
4.  using System.Collections;
5.  using System.Web;
6.  using System.Web.Security;
7.  using System.Web.UI;
8.  using System.Web.UI.WebControls;
9.  using System.Web.UI.WebControls.WebParts;
10. using System.Web.UI.HtmlControls;
11. using System.Data.SqlClient;
12. public partial class Demo4_12 : System.Web.UI.Page
13. {
14.     protected void Page_Load(object sender, EventArgs e)
15.     {
16.         SqlConnection Con=new SqlConnection();
17.         Con.ConnectionString="server=.\\sql2005;database=网上书店;integrated security=sspi";
18.         SqlCommand Com=new SqlCommand();
```

```
19.     Com.Connection=Con;
20.     Com.CommandText="select * from 会员表";
21.     SqlDataAdapter Da=new SqlDataAdapter();
22.     Da.SelectCommand=Com;
23.     DataSet Ds=new DataSet();
24.     try
25.     {
26.         Con.Open();
27.         Da.Fill(Ds,"会员表");
28.         DataTable Dtemp=new DataTable();
29.         Dtemp=Ds.Tables["会员表"];
30.         DataRow Dr=Dtemp.Rows[2];
31.         Dr.Delete();
32.         SqlCommandBuilder Scb=new SqlCommandBuilder(Da);
33.         Da.DeleteCommand=Scb.GetDeleteCommand();
34.         Da.Update(Dtemp);
35.         Dtemp.AcceptChanges();
36.         Response.Write("数据行删除成功!");
37.         Con.Close();
38.     }
39.     catch(Exception)
40.     {
41.         Response.Write("数据操作出现异常,请检查!");
42.         Con.Close();
43.     }
44. }
45. }
```

【代码分析】

• 第30行,定义DataRow对象并利用DataTable对象的Rows属性指定的行初始化;

• 第31行,利用DataRow对象的Delete方法将要删除的行添加删除标记,这里并没有真正删除数据;

• 第32行,定义SqlCommandBuilder对象,并由数据适配器对象创建SqlCommandBuilder对象;

• 第33行,由SqlCommandBuilder对象获取删除数据的操作,并设置为数据适配器对象的删除命令对象;

• 第35行,利用DataTable对象的AcceptChanges方法,将有删除标记的DataRow对象行删除,从而实现真正的删除数据。

运行结果如图4-15所示。

单元 4　使用 ADO.NET 访问数据库

图 4-15　利用 DataSet 删除数据

课堂实践

1. 使用 SQL 命令对网上书店数据库中的图书表进行新增、修改、删除操作。
2. 使用断开式访问对象对网上书店数据库中的图书类型表进行新增、修改、删除操作。

单元小结

本单元主要学习了如下内容：
- ADO.NET 基础知识；
- ADO.NET 基本对象的介绍，主要包括 Connection、Command、DataReader、DataAdapter 和 DataSet 对象；
- 利用 ADO.NET 对象进行数据查询操作；
- 使用 SQL 命令更新数据；
- 利用数据集对象更新数据。

课外拓展

一、选择题

1. ADO.NET 是一种（　　）。
   A. 查询语言　　　　　　　　　　B. 数据库
   C. 数据库管理系统　　　　　　　D. 用于数据访问的基类库
2. 数据集 DataSet 与数据源之间的桥梁是（　　）。
   A. SqlConnection　　　　　　　B. SqlDataAdapter
   C. SqlCommand　　　　　　　　D. SqlTransaction
3. 将数据源中的数据填充到数据集中，应调用 DataAdapter 的（　　）方法。
   A. Fill　　　　B. Dispose　　　　C. Update　　　　D. ToString
4. 向数据源插入一条记录，需要将命令对象的 CommandText 属性设置为 SQL 语言的

insert 命令后,再调用命令对象的( )方法。

  A. ExecuteNonQuery   B. ExecuteReader

  C. ExecuteScalar   D. ExecuteXmlReader

5. 在购物车表中,若购物车编号列为标识列,那么下面的插入语句正确的是( )。

  A. insert into 购物车表(会员名,图书编号,数量) values('sunny',10004,3)

  B. insert into 购物车表(会员名,图书编号,数量) values('sunny',10004)

  C. insert into 购物车表(会员名,图书编号) values('sunny',10004,3)

  D. insert into 购物车表(购物车编号,会员名,图书编号,数量) values(1003,'sunny',1004,3)

二、填空题

请完成下面程序段中的空缺语句,使之能正常运行。

SqlConnection Con=new SqlConnection();

Con.ConnectionString="server=.\\sql2005;database=网上书店;integrated security=sspi";

SqlCommand Com=new SqlCommand();

_____

Com.CommandText="select * from 会员表";

SqlDataAdapter Da=new SqlDataAdapter();

_____

DataSet Ds=new DataSet();

try

{

  _____

  Ds.Clear();

  _____

  if(Ds.Tables["会员表"].Rows.Count==0)

  {

    Response.Write("没有查询到数据,请重试!");

  }

  else

  {

    Response.Write("会员名"+" "+"姓名"+" "+"手机"+"<br>");

    for(_____)

    {

      Response.Write(Ds.Tables["会员表"].Rows[i]["会员名"]);

      Response.Write(Ds.Tables["会员表"].Rows[i]["姓名"]);

      Response.Write(Ds.Tables["会员表"].Rows[i]["手机"]);

      Response.Write("<br>");

    }

  }

  Con.Close();

}
catch(SqlException)
{
    Response.Write("数据库操作出现异常,请重试!");
    Con.Close();
}

三、操作题

1. 编写一个数据查询方法,每次在进行数据查询时,只需要提供一个查询语句就可以得到数据。

2. 编写一个数据更新的方法,每次在做数据更新时,只需要提供一个更新语句就可以完成数据更新。

3. 编写一个使用存储过程查询数据的程序,并思考带参数的存储过程的应用。

单元 5 用户注册模块设计

● 学习目标

【知识目标】

- 掌握 Page 对象的应用
- 熟悉 Web 服务器控件的应用
- 掌握数据验证控件的应用
- 熟练完成用户注册功能

【技能目标】

- 会应用 Page 对象
- 能熟练使用 Web 服务器控件
- 会使用数据验证控件完成数据验证
- 能实现用户注册功能

● 学习导航

本单元主要学习内容及在网上书店系统开发中的位置如图 5-1 所示。

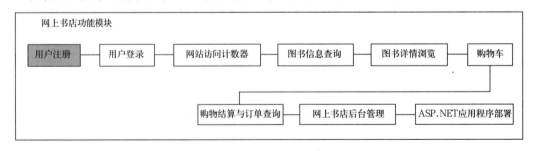

图 5-1　本单元学习导航

【项目展示】

用户注册页面的浏览效果如图 5-2 所示。

在"用户名"文本框中输入正确的用户名,例如"zhi",然后单击【检测用户名】按钮,此时会出现"恭喜您,此用户名可以使用!"的提示信息,如图 5-3 所示。

如果输入的是会员表中已经存在的用户名(如"admin"),单击【检测用户名】按钮时,会出现如图 5-4 所示的提示信息。

输入完整的用户信息,单击【注册】按钮,注册成功的提示信息如图 5-5 所示。

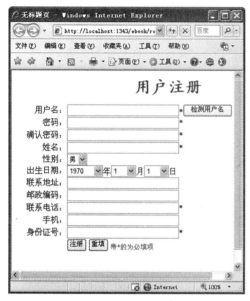

图 5-2　用户注册页面浏览效果

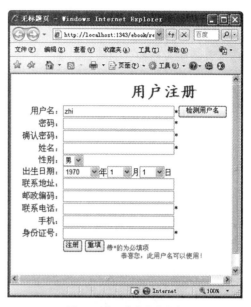

图 5-3　输入合格的用户名

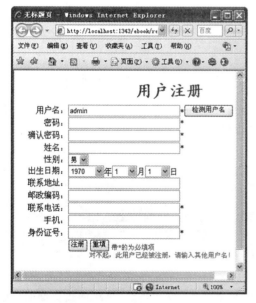

图 5-4　输入已存在的用户名

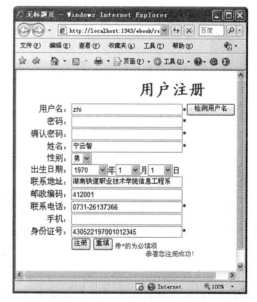

图 5-5　用户注册成功

任务 5-1 认识 Page 对象

在 ASP.NET 中，每个 Web 窗体（ASP.NET 页面）都是从 Page 类继承而来，一个 ASP.NET 页面实际上是 Page 类的一个对象，它所包含的属性、方法和事件用来控制页面的显示，而且还是各种服务器控件的承载容器。Page 类与扩展名为 .aspx 的文件相关联，这些文件在运行时编译为 Page 对象，并缓存在服务器内存中。

5.1.1 code-behind 模式

当使用代码分离（代码隐藏）技术创建 Web 窗体时，首先要在程序代码中定义一个派生类，然后，还必须创建一个 .aspx 文件，用于以可视化方式显示与派生类相关联的用户接口，该文件的第一行使用"@ page"指令，并通过 Inherits 和 codebehind 属性将代码隐藏文件链接到 .aspx 文件。这种先定义再关联的模式，就是 code-behind 模式。

当使用开发工具开发一个 ASP.NET 的 Wed 窗体时，系统会自动使用该模式创建 Wed 窗体，而不需要设计者手工定义。

5.1.2 Page 类的事件

Page 类有许多事件和属性，其中 Page_Init 事件、Page_Load 事件和 Page_UnLoad 事件是三个基本事件，它们控制了页面的整个处理过程，IsPostBack 属性和 IsValid 属性是最重要的两个属性。下面分别加以介绍。

1. Page_Init 事件

Page_Init 事件在页面服务器控件被初始化时发生。初始化是控件生存期的第一阶段，该事件主要用来执行所有的创建和设置实例所需的初始化步骤。在该事件内不能使用视图状态信息，也不应访问其他服务器控件。也就是说，该事件完成的是系统所需的一些初始设定，开发者一般不能随意改变其内容。使用实例代码如下：

```
protected void Page_Init(object sender, EventArgs e)
{
    //初始化控件代码
}
```

2. Page_Load 事件

Page_Load 事件在服务器控件加载到 Page 对象时发生，也就是说，每次加载页面时，无论是初次浏览还是通过单击按钮或因为其他事件再次调用页面，都会触发此事件。该事件主要用来执行页面设置，在此事件处理程序中，既可以访问视图状态信息，也可以利用该事件形成 POST 数据，还可以访问页面控件层次结构内的其他服务器控件。直接双击页面的任何空白处，都将打开程序页面代码文件（Demo5_1.aspx.cs），光标将停留在 Page_Load 事件处，在光标处编写程序代码即可。此事件处理程序的代码模式如下：

```
protected void Page_Load(object sender, EventArgs e)
{
    //在此处放置初始化页的用户代码
}
```

3. Page_UnLoad 事件

Page_UnLoad 事件在服务器控件从内存中卸载时发生。该事件程序的主要工作是执行所有最后的清理操作,如关闭文件、关闭数据库连接等,以便断开与服务器的"紧密"联系。此事件处理程序的代码模式如下:

```
protected void Page_UnLoad(object sender, EventArgs e)
{
    //在此处放置清除操作的代码
}
```

📢【提示】

● Page_Init、Page_Load 和 Page_UnLoad 三个事件中,Page_Load 事件在每次加载页面或刷新页面时都会执行,而 Page_Init 和 Page_UnLoad 事件都只执行一次,读者可以设置断点去调试,理解三个事件的不同。

4. IsPostBack 属性

获取一个值,该值指示该页面是否因响应客户端(PostBack)而加载,或者是被首次访问而加载。如果是为了响应客户端而加载该页面,则为 True,否则为 False。这个属性非常有用,它能够区分该页面是首次加载还是多次回发访问。在 Page_Load 事件处理程序中,通过检查该属性,可以实现首次加载和多次回发访问执行不同的程序代码。例如:

```
protected void Page_Load(object sender, EventArgs e)
{
    if(Page.IsPostBack==False )
    {
        //首次加载时的初始化程序
    }
    else
    {
        //客户端返回数据而加载要执行的程序
    }
}
```

5. IsValid 属性

获取一个值,该值指示该页面验证是否成功。如果该页面验证成功,则为 True,否则为 False。需要强调的是,应在相关服务器控件的 Click 事件处理程序中将该控件的 Causes Validation 属性设为 True,或在调用 Page.Validate 方法后访问 IsValid 属性。程序代码如下:

```
protected void Button1_Click(object sender, EventArgs e)
{
    if(Page.IsValid==True)
    {
        //页面验证成功后要执行的程序
    }
    else
    {
        //页面验证没有成功后要执行的程序
    }
}
```

任务 5-2 Web 服务器控件

用户注册模块主要用到的 Web 服务器控件有 Label、TextBox、Button、DropDownList 和验证控件,本节重点介绍 TextBox、Button、DropDownList 控件,验证控件将在下一节中介绍。

5.2.1 TextBox 控件——文本框控件

TextBox 控件又称为文本框控件,主要作用是为用户提供输入文本的区域,在程序开发中是比较常用的 Web 服务器控件,应用程序利用 TextBox 控件接收用户的输入字符。TextBox 控件必须放在 Form、Panel 控件或控件模板内,其主要属性如表 5-1 所示。

表 5-1   TextBox 控件的主要属性

属　性	说　明
AutoPostBack	获取或设置一个值,该值指示无论何时用户在 TextBox 控件中按 Enter 或 Tab 键时,是否都会发生自动回发到服务器的操作
BackColor	获取或设置 Web 服务器控件的背景色
BindingContainer	获取包含该控件的数据绑定的控件
BorderColor	获取或设置 Web 控件的边框颜色
BorderStyle	获取或设置 Web 服务器控件的边框样式
BorderWidth	获取或设置 Web 服务器控件的边框宽度
CausesValidation	获取或设置一个值,该值指示当 TextBox 控件设置为在回发发生时进行验证,是否执行验证
Columns	获取或设置文本框的显示宽度(以字符为单位)
Controls	获取 ControlCollection 对象,该对象表示 UI 层次结构中指定服务器控件的子控件
ControlStyle	获取 Web 服务器控件的样式。此属性主要由控件开发人员使用
ControlStyleCreated	获取一个值,该值指示是否已为 ControlStyle 属性创建了 Style 对象。此属性主要由控件开发人员使用
CssClass	获取或设置由 Web 服务器控件在客户端呈现的级联样式表(CSS)类
Enabled	获取或设置一个值,该值指示是否启用 Web 服务器控件

(续表)

属 性	说 明
Font	获取与 Web 服务器控件关联的字体属性
ForeColor	获取或设置 Web 服务器控件的前景色(通常是文本颜色)
Height	获取或设置 Web 服务器控件的高度
ID	获取或设置分配给服务器控件的编程标识符
MaxLength	获取或设置文本框中最多允许的字符数
Parent	获取对页 UI 层次结构中服务器控件的父控件的引用
ReadOnly	获取或设置一个值,用于指示能否更改 TextBox 控件的内容
Rows	获取或设置多行文本框中显示的行数
TabIndex	获取或设置 Web 服务器控件的选项卡索引
TemplateControl	获取或设置对包含该控件的模板的引用
TemplateSourceDirectory	获取包含当前服务器控件的 Page 或 UserControl 的虚拟目录
Text	获取或设置 TextBox 控件的文本内容
TextMode	获取或设置 TextBox 控件的行为模式(单行、多行或密码)
ToolTip	获取或设置当鼠标指针悬停在 Web 服务器控件上时显示的文本
Visible	获取或设置一个值,该值指示服务器控件是否作为 UI 呈现在页上
Width	获取或设置 Web 服务器控件的宽度

TextBox 控件的属性主要通过"属性"窗口进行设置,如图 5-6 所示。

下面详细介绍几个比较重要的属性。

1. ID 属性

ID 属性用来标识 TextBox 控件,程序开发人员在编程过程中可以通过控件的 ID 来调用该控件,设置其属性、方法和事件。

2. Text 属性

Text 属性用来设置 TextBox 控件中所显示的文本内容。

3. CssClass 属性

CssClass 属性用来设置服务器控件的 CSS 样式,所以在设置 TextBox 控件的CssClass 属性之前,首先要编写好 CSS 样式文件并引用,然后在属性窗口中设置控件的CssClass 属性为引用的样式文件名。

4. Enabled 属性

Enabled 属性用来设置 TextBox 控件是否可用,其默认值为 True,若将其值改为 False 则该控件可以在页面上显示,但不能编辑(变成灰色)。

5. Visible 属性

此属性设置控件的可见性,显示控件设置为 True,反之

图 5-6 TextBox 控件的属性设置

设置为 False,默认值为 True。

6. AutoPostBack 属性

此属性用于设置文本修改之后,是否自动回发到服务器。如果需要回发设置为 True,反之设置为 False,默认值为 False。

7. TextMode 属性

该属性用来设置 TextBox 控件的行为模式,其行为模式有三种:单行(SingleLine)、多行(MultiLine)、密码(Password),设置为单行时用户只能在一行中输入信息,设置为多行时用户可以输入多行文本并执行换行,设置为密码时将用户输入的字符用黑点屏蔽,以隐藏这些信息。

TextBox 控件的常用方法及说明,如表 5-2 所示。

表 5-2　　　　　　　　　　TextBox 控件的常用方法及说明

方　法	说　明
ApplyStyleSheetSkin	将页样式表中定义的样式属性应用到控件
DataBind	将数据源绑定到被调用的服务器控件及其所有子控件
Dispose	使服务器控件得以在从内存中释放之前执行最后的清理操作
Equals	确定两个 Object 实例是否相等
FindControl	在当前的命名容器中搜索指定的服务器控件
Focus	为控件设置输入焦点
GetHashCode	用作特定类型的哈希函数。GetHashCode 适合在哈希算法和数据结构(如哈希表)中使用
GetTemplate	返回具有指定名称的模板
IsVisibleOnPage	返回一个值,该值指示控件在窗体的给定页上是否可见。用于窗体分页
ReferenceEquals	确定指定的 Object 实例是否是相同的实例
RenderChildren	将服务器控件子级的内容输出到提供的 HtmlTextWriter 对象上,此对象编写将在客户端呈现的内容
RenderControl	输出服务器控件内容,并存储有关此控件的跟踪信息(如果已启用跟踪)
ResolveClientUrl	获取浏览器可以使用的 URL
ResolveUrl	将 URL 转换为在请求客户端可用的 URL

下面详细介绍几种比较重要的方法。

8. DataBind 方法

此方法用来执行数据绑定操作。

9. Focus 方法

此方法用于使文本框获得焦点。

TextBox 控件的常用事件及说明,如表 5-3 所示。

表 5-3　　　　　　　　TextBox 控件的常用事件及说明

事　件	说　明
DataBinding	当服务器控件绑定到数据源时发生
Disposed	当从内存中释放服务器控件时发生，这是请求 ASP.NET 页时服务器控件生存期的最后阶段
Init	当服务器控件初始化时发生；初始化是控件生存期的第一步
Load	当服务器控件加载到 Page 对象中时发生
PreRender	在加载 Control 对象之后、呈现之前发生
TextChanged	当用户更改 TextBox 的文本时发生
UnLoad	当服务器控件从内存中卸载时发生

下面介绍 TextChanged 事件。

10. TextChanged 事件

此事件是当用户更改文本框的文本时被触发。

【例 5-1】　TextBox 控件的 TextChanged 事件的使用。

本例题演示了在第三个文本框中显示前两个文本框中的数据相加之和，在第二个文本框的 TextChanged 事件中编写运算代码。

程序开发步骤如下：

(1) 新建一个网站，将其命名为"ch05"。

(2) 向网站添加一个新窗体，命名为"Demo5_1"。

(3) 在 Demo5_1.aspx 页中添加 3 个 TextBox 控件，分别命名为 txtNum1、txtNum2 和 txtResult，将 txtNum2 控件的 AutoPostBack 属性设置为 True。

(4) 双击 txtNum2 控件打开程序代码页面 Demo5_1.aspx.cs，编写计算代码。

完整的程序代码如下：

```
1.  using System;
2.  using System.Data;
3.  using System.Configuration;
4.  using System.Collections;
5.  using System.Web;
6.  using System.Web.Security;
7.  using System.Web.UI;
8.  using System.Web.UI.WebControls;
9.  using System.Web.UI.WebControls.WebParts;
10. using System.Web.UI.HtmlControls;
11. public partial class Demo5_1 : System.Web.UI.Page
12. {
13.     protected void Page_Load(object sender, EventArgs e)
14.     {
15.
16.     }
17.     protected void txtNum2_TextChanged(object sender, EventArgs e)
18.     {
```

19.   this.txtResult.Text = Convert.ToString(Convert.ToDouble(this.txtNum1.Text) +
          Convert.ToDouble(this.txtNum2.Text));
20.   }
21. }

【代码分析】
- 第 13~16 行,为 Page_Load 事件,即页面初始化事件;
- 第 17~20 行,为 TextBox 控件的 TextChanged 事件,其中第 19 行为计算语句,因为在文本框控件中输入的内容都为字符,不能直接进行算术运算,特使用了 Convert 对象的相应方法将数据类型进行转换,先转换再计算。

运行结果如图 5-7 所示。

图 5-7 TextBox 控件的 TextChanged 事件的使用

【提示】
- 一定要记得将 txtNum2 控件的 AutoPostBack 属性设置为 True,若不设置,当输入数据后单击其他地方时将不会执行 TextChanged 事件。

5.2.2 Button 控件——按钮控件

Button 控件也称按钮控件,单击它用户可以运行编写的程序代码。默认情况下,按钮控件将页面提交到服务器进行处理。该控件的主要属性及说明如表 5-4 所示。

表 5-4 Button 控件的主要属性及说明

属 性	说 明
AccessKey	获取或设置得以快速导航到 Web 服务器控件的访问键
CausesValidation	获取或设置一个值,该值指示在单击 Button 控件时是否执行验证
CommandArgument	获取或设置可选参数,该参数与关联的 CommandName 一起被传递到 Command 事件
CommandName	获取或设置命令名,该命令名与传递给 Command 事件的 Button 控件相关联
CssClass	获取或设置由 Web 服务器控件在客户端呈现的级联样式表(CSS)类
Enabled	获取或设置一个值,该值指示是否启用 Web 服务器控件
Font	获取与 Web 服务器控件关联的字体属性

(续表)

属 性	说 明
ForeColor	获取或设置 Web 服务器控件的前景色（通常是文本颜色）
ID	获取或设置分配给服务器控件的编程标识符
PostBackUrl	获取或设置单击 Button 控件时从当前页发送到的网页的 URL
Text	获取或设置在 Button 控件中显示的文本标题
ToolTip	获取或设置当鼠标指针悬停在 Web 服务器控件上时显示的文本
Visible	获取或设置一个值，该值指示服务器控件是否作为 UI 呈现在页上
Width	获取或设置 Web 服务器控件的宽度

下面对一些属性进行详细介绍。

1. AccessKey 属性

使用 AccessKey 属性可以为按钮控件指定键盘快捷键。设置该属性后通过按键盘上的 Alt 键和指定的字符键，即可快速触发该控件的 Click 事件。

AccessKey 属性只允许设置为单个字符串，若设置为"Z"，表示用户可以通过 Alt+Z 键触发控件的 Click 事件。该属性可以通过属性窗口设置。

2. CausesValidation 属性

该属性用于设置当单击按钮控件时，是否触发验证。默认值为 True，即当单击时会触发验证，若想屏蔽验证，可将其值设置为 False。

Button 控件的常用方法及说明如表 5-5 所示。

表 5-5　　　　　　　　　　Button 控件的常用方法及说明

方 法	说 明
DataBind	将数据源绑定到被调用的服务器控件及其所有子控件
Dispose	使服务器控件得以在从内存中释放之前执行最后的清理操作
Equals	确定两个 Object 实例是否相等
FindControl	在当前的命名容器中搜索指定的服务器控件
Focus	为控件设置输入焦点
GetHashCode	用作特定类型的哈希函数。GetHashCode 适合在哈希算法和数据结构（如哈希表）中使用
GetType	获取当前实例的 Type
HasControls	确定服务器控件是否包含任何子控件
ReferenceEquals	确定指定的 Object 实例是否是相同的实例
ResolveClientUrl	获取浏览器可以使用的 URL
ResolveUrl	将 URL 转换为在客户端可用的 URL
ToString	返回表示当前 Object 的 String

Button 控件的常用事件及说明如表 5-6 所示。

表 5-6　　　　　　　　　　　Button 控件的常用事件及说明

事　件	说　明
Click	在单击 Button 控件时发生
Command	在单击按钮并定义关联的命令时发生
DataBinding	当服务器控件绑定到数据源时发生
Disposed	当从内存中释放服务器控件时发生，这是请求 ASP.NET 页时服务器控件生存期的最后阶段
Init	当服务器控件初始化时发生；初始化是控件生存期的第一步
Load	当服务器控件加载到 Page 对象时发生
PreRender	在加载 Control 对象之后、呈现之前发生
UnLoad	当服务器控件从内存中卸载时发生

用户如果想要编写 Button 控件的某个事件，可以在属性窗口中单击事件按钮 找到相应的事件，然后双击进入编写代码。下面主要介绍其 Click 事件。

Click 事件为控件的单击事件，当单击控件时可以触发控件的 Click 事件中的程序代码。请看下面的例子。

【例 5-2】　Button 控件的 Click 事件的应用。

本例题通过 Button 控件的 Click 事件来检验用户输入的用户名是不是"admin"，若是则通过 Label 控件显示"用户名正确!"，否则显示"用户名错误，请重新输入!"。

程序开发步骤如下：

(1)打开网站"ch05"。

(2)在网站中新添加一个窗体，命名为"Demo5_2.aspx"。

(3)在 Demo5_2.aspx 页面中添加一个 TextBox 控件，其 ID 设置为"txtName"；添加一个 Label 控件，其 ID 设置为"Labinfo"，ForeColor 设置为"Red"，Text 设置为空；添加一个 Button 控件，页面设计效果如图 5-8 所示。

图 5-8　Button 控件的 Click 事件的使用页面设计效果

(4)双击按钮控件，打开程序代码页面文件，编写 Click 事件代码。

Click 事件代码如下：

```
1.  protected void Button1_Click(object sender, EventArgs e)
2.  {
3.      if(this.txtName.Text.Equals("admin"))
4.      {
5.          this.Labinfo.Text="用户名正确!";
6.      }
7.      else
8.      {
```

```
9.          this.Labinfo.Text="用户名错误,请重新输入!";
10.     }
11. }
```

【代码分析】
- 第 3 行,判断用户输入的用户名是否与"admin"相同;
- 第 4~6 行,当用户在文本框中输入"admin"时,Label 控件显示的提示信息为"用户名正确!";
- 第 8~10 行,当用户在文本框中输入非"admin"字符时,Label 控件显示的提示信息为"用户名错误,请重新输入!"。

当输入错误的用户名时,单击【检验用户名】按钮的运行结果如图 5-9 所示。

图 5-9 输入错误的用户名运行结果

当输入正确的用户名时,单击【检验用户名】按钮的运行结果如图 5-10 所示。

图 5-10 输入正确的用户名运行结果

5.2.3 DropDownList 控件——下拉列表框控件

DropDownList 控件就是经常见到的下拉列表,是在众多的列表项中选择一项。此控件的选择项的数据可以静态绑定,也可以通过程序动态绑定,例如用户注册页面中的性别下拉列表,它只有 2 个选择项,列表项较少,直接使用静态绑定比较方便,但是出生日期下拉列表中的年月日列表项比较多,使用静态绑定就显得比较麻烦,这种情况下就应采用动态绑定。

1. DropDownList 控件的常用属性

DropDownList 控件的常用属性及说明如表 5-7 所示。

表 5-7　　　　　　　　　DropDownList 控件的常用属性及说明

属　性	说　明
AccessKey	获取或设置得以快速导航到 Web 服务器控件的访问键
AutoPostBack	获取或设置一个值，该值指示当用户更改列表中的选定内容时是否自动产生向服务器的回发
CausesValidation	获取或设置一个值，该值指示在单击从 ListControl 类派生的控件时是否执行验证
CssClass	获取或设置由 Web 服务器控件在客户端呈现的级联样式表(CSS) 类
DataMember	当数据源包含多个不同的数据项列表时，获取或设置数据绑定控件绑定到的数据列表的名称
DataSource	获取或设置对象，数据绑定控件从该对象中检索其数据项列表
DataTextField	获取或设置为列表项提供文本内容的数据源字段
DataValueField	获取或设置为各列表项提供值的数据源字段
Enabled	获取或设置一个值，该值指示是否启用 Web 服务器控件
Height	获取或设置 Web 服务器控件的高度
ID	获取或设置分配给服务器控件的编程标识符
Items	获取列表控件项的集合
SelectedIndex	获取或设置 DropDownList 控件中的选定项的索引
SelectedItem	获取列表控件中索引最小的选定项
SelectedValue	获取列表控件中选定项的值，或选择列表控件中包含指定值的项
Style	获取将在 Web 服务器控件的外部标记上呈现为样式属性的文本属性的集合
TabIndex	获取或设置 Web 服务器控件的选项卡索引
Text	获取或设置 ListControl 控件的 SelectedValue 属性
ToolTip	获取或设置当鼠标指针悬停在 Web 服务器控件上时显示的文本
UniqueID	获取服务器控件中唯一的、以分层形式限定的标识符
ValidationGroup	获取或设置控件组，当从 ListControl 类派生的控件回发到服务器时，将导致对该组控件进行验证
Visible	获取或设置一个值，该值指示服务器控件是否作为 UI 呈现在页上
Width	获取或设置 Web 服务器控件的宽度

2. DropDownList 控件的常用方法

DropDownList 控件的常用方法及说明如表 5-8 所示。

表 5-8　　　　　　　　　DropDownList 控件的常用方法及说明

方　法	说　明
ApplyStyle	将指定样式的所有非空白元素复制到 Web 控件，改写控件的所有现有的样式元素。此方法主要由控件开发人员使用
ApplyStyleSheetSkin	将页样式表中定义的样式属性应用到控件

(续表)

方法	说明
DataBind	已重载。将数据源绑定到被调用的服务器控件及其所有子控件
Dispose	使服务器控件得以在从内存中释放之前执行最后的清理操作
Equals	已重载。确定两个 Object 实例是否相等
Focus	为控件设置输入焦点
GetHashCode	用作特定类型的哈希函数。GetHashCode 适合在哈希算法和数据结构(如哈希表)中使用
HasControls	确定服务器控件是否包含任何子控件
MergeStyle	将指定样式的所有非空白元素复制到 Web 控件,但不改写该控件现有的任何样式元素。此方法主要由控件开发人员使用
ResolveClientUrl	获取浏览器可以使用的 URL
ResolveUrl	将 URL 转换为在请求客户端可用的 URL
SetRenderMethodDelegate	分配事件处理程序委托,以将服务器控件及其内容呈现到父控件中
ToString	返回表示当前 Object 的 String

3. DropDownList 控件的常用事件

DropDownList 控件的常用事件及说明如表 5-8 所示。

表 5-9   DropDownList 控件的常用事件及说明

事件	说明
DataBinding	当服务器控件绑定到数据源时发生
DataBound	在服务器控件绑定到数据源后发生
Disposed	当从内存中释放服务器控件时发生,这是请求 ASP.NET 页时服务器控件生存期的最后阶段
Init	当服务器控件初始化时发生;初始化是控件生存期的第一步
Load	当服务器控件加载到 Page 对象中时发生
PreRender	在加载 Control 对象之后、呈现之前发生
SelectedIndexChanged	当列表控件的选定项在信息发往服务器之间变化时发生
TextChanged	当 Text 和 SelectedValue 属性更改时发生
UnLoad	当服务器控件从内存中卸载时发生

(1) SelectedIndexChanged 事件

当控件的选择项发生改变时,会引发 SelectedIndexChanged 事件。当在网站上注册账号时,发现选择不同的省份时,地级市也发生相应的变化,还有在查询火车票时,选择不同的省份,会出现不同的站名,这都可以用 SelectedIndexChanged 事件来完成。要使 SelectedIndex-Changed 事件起作用,必须将引发此事件控件的 AutoPostBack 属性设置为 True。

(2) TextChanged 事件

当更改文本属性时将引发此事件。

【例 5-3】 DropDownList 控件的 SelectedIndexChanged 事件。

本例题演示了当改变 DropDownList 控件选项后,将通过 Lable 控件显示选择的值。

程序开发步骤如下：

(1)打开网站"ch05"。

(2)在网站中新添加一个窗体,命名为"Demo5_3.aspx"。

(3)在Demo5_3.aspx页面中添加一个DropDownList控件,其ID设置为"DDL_Year";添加一个Label控件,其ID设置为"Labinfo",ForeColor设置为"Red",Text设置为空。页面设计效果如图5-11所示。

图5-11 DropDownList控件应用设计界面

页面初始化程序代码如下：

```
1.  protected void Page_Load(object sender, EventArgs e)
2.  {
3.      if(Page.IsPostBack==False)
4.      {
5.          for(int i=1980;i<=2009;i++)
6.          {
7.              this.DDL_Year.Items.Add(Convert.ToString(i));
8.          }
9.      }
10. }
```

【代码分析】

● 第7行,将年份添加到DropDownList控件,这是通过程序来添加选择项,即动态添加选择项。

SelectedIndexChanged事件程序代码如下：

```
1.  protected void DDL_Year_SelectedIndexChanged(object sender, EventArgs e)
2.  {
3.      String Start_Year=DDL_Year.SelectedValue.ToString();
4.      this.Labinfo.Text="你是"+Start_Year+"级的学生";
5.  }
```

【代码分析】

● 第3行,通过DropDownList控件的SelectedValue属性得到选中选择项的值,并赋给字符串变量。

运行结果如图5-12所示。

【提示】

● 一定要记得将DDL_Year控件的AutoPostBack属性设置为True,否则,当选择入学年份后将不会执行SelectedIndexChanged事件。

图 5-12　DropDownList 控件的应用

课堂实践

1. 仿照例 5-1，利用 TextBox 控件的 TextChanged 事件完成一个字符串相连的程序。

2. 设计一个如图 5-13 所示的页面，要求根据用户输入的姓名和选择的出生日期计算出他的年龄，并用 Label 控件显示提示信息，运行结果如图 5-14 所示，年的范围为 1940～2008。

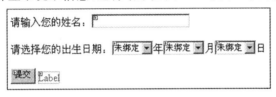

图 5-13　页面设计效果

图 5-14　运行结果

任务 5-3　数据验证控件

在设计网页时，通常会遇到需要用户输入信息的情况，为了避免用户输入错误的数据，需要对用户所输入的信息进行检查，即验证。数据验证控件主要有 RequiredFieldValidator 控件、CompareValidator 控件、RangeValidator 控件和 RegularExpressionValidator 控件四种。

5.3.1 RequiredFieldValidator 控件

1. RequiredFieldValidator 控件的功能

RequiredFieldValidator 控件常用来验证控件的输入内容是否为空。当用户提交网页中的数据到服务器时,系统自动检查被验证控件的输入内容是否为空,如果为空,则 RequiredFieldValidator 控件在网页中显示提示信息。

2. RequiredFieldValidator 控件的属性

RequiredFieldValidator 控件的常用属性及说明如表 5-10 所示。

表 5-10　　RequiredFieldValidator 控件的常用属性及说明

属 性	说 明
ControlToValidate	获取或设置要验证的控件的 ID。默认值为 Empty
Display	获取或设置验证控件的错误信息的显示行为。默认值为 Dynamic
EnableViewState	获取或设置一个值,该值指示服务器控件是否向发出请求的客户端保持自己的视图状态以及它所包含的任何子控件的视图状态
ErrorMessage	获取或设置要用于错误信息的文本。默认值为 Empty
IsValid	获取或设置一个值,该值指示控件验证的数据是否有效。默认值为 True
Page	获取对包含服务器控件的 Page 实例的引用
Text	设置或返回控件的文本
Visible	获取或设置一个值,该值指示服务器控件是否作为 UI 呈现在页上

下面介绍几个重要的属性。

(1)ContorlToValidate 属性:指定被验证的控件 ID。

(2)Text 属性:指定在本控件中显示的信息。

(3)ErrorMessage 属性:指定要在 ValidationSummy 控件中显示信息。

3. RequiredFieldValidator 控件的常用方法

RequiredFieldValidator 控件的常用方法及说明如表 5-11 所示。

表 5-11　　RequiredFieldValidator 控件的常用方法及说明

方 法	说 明
DataBind	将数据源绑定到被调用的服务器控件及其所有子控件
Dispose	使服务器控件得以在从内存中释放之前执行最后的清理操作
FindControl	在当前的命名容器中搜索指定的服务器控件
Focus	为控件设置输入焦点
IsVisibleOnPage	返回一个值,该值指示控件在窗体的给定页上是否可见。用于窗体分页
PaginateRecursive	对此控件及其子控件进行分页
ResolveClientUrl	获取浏览器可以使用的 URL
ResolveUrl	将 URL 转换为在请求客户端可用的 URL
ToString	返回表示当前 Object 的 String
Validate	执行控件验证,然后根据验证的结果设置 IsValid 属性

【例 5-4】 验证 TextBox 控件是否为空。

本例题通过 RequiredFieldValidator 控件来验证文本框中输入的内容是否为空。

程序开发步骤如下：

(1) 打开网站"ch05"。

(2) 在网站中新添加一个窗体，命名为"Demo5_4.aspx"。

(3) Demo5_4.aspx 页面设计效果如图 5-15 所示。

图 5-15 RequiredFieldValidator 控件应用设计界面

验证控件的 HTML 代码如下：

1. <asp:RequiredFieldValidator ID="RequiredFieldValidator1" runat="server" ControlToValidate="TextBox1" ErrorMessage="用户名不能为空"></asp:RequiredFieldValidator>
2. <asp:RequiredFieldValidator ID="RequiredFieldValidator4" runat="server" ControlToValidate="DropDownList1" ErrorMessage="性别选项不能为空"></asp:RequiredFieldValidator>
3. <asp:RequiredFieldValidator ID="RequiredFieldValidator5" runat="server" ControlToValidate="TextBox4" ErrorMessage="电话不能为空"></asp:RequiredFieldValidator>

运行结果如图 5-16 所示。

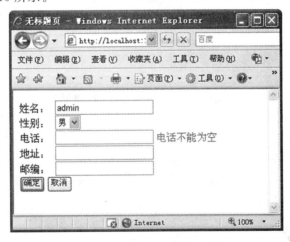

图 5-16 验证文本框控件

5.3.2 CompareValidator 控件

1. CompareValidator 控件的功能

CompareValidator 控件将一个控件中的值与另一个控件中的值进行比较，或者与该控件的 ValueToCompare 属性值进行比较。

2. CompareValidator 控件的主要属性

CompareValidator 控件的常用属性及说明如表 5-12 所示。

表 5-12　　　　　　　　CompareValidator 控件的常用属性及说明

属　　性	说　　明
ControlToCompare	获取或设置用于比较的输入控件的 ID。默认值为空字符串("")
ControlToValidate	获取或设置要验证的控件的 ID。默认值为 Empty
Display	获取或设置验证控件的错误信息的显示行为。默认值为 Dynamic
ErrorMessage	获取或设置要用于错误信息的文本。默认值为 Empty
Text	设置或返回控件的文本
Type	获取或设置比较的两个值的数据类型。默认值为 String
ValueToCompare	获取或设置要比较的值
Operato	获取或设置验证中使用的比较操作。如等于、不等于和大于等，默认值为 Equal

Operator 属性：指定要执行的比较运算类型，如等于、不等于和大于、小于等。如果将 Operator 属性设置为 DataTypeCheck，比较控件将同时忽略 ControlToValidate 属性和 ValueToCompare 属性，而仅指示输入到输入控件中的值是否可以转换为 Type 属性所指定的数据类型。Operator 属性值及说明如表 5-13 所示。

表 5-13　　　　　　　　　Operator 属性值及说明

属性值	说　　明
DataTypeCheck	检查两个控件的数据类型是否有效
Equal	检查两个控件彼此是否相等
GreaterThan	检查一个控件是否大于另一个控件
GreaterThanEqual	检查一个控件是否大于或等于另一个控件
LessThan	检查一个控件是否小于另一个控件
LessThanEqual	检查一个控件是否小于或等于另一个控件
NotEqual	检查两个控件彼此是否不相等

通过在 Web 页面中添加 CompareValidator 控件，并将其链接到要做比较验证的输入控件，就可以指定输入控件为比较输入控件。如果用户输入的值不符合比较要求，就会出现比较验证错误而无法正常提交该页面。

【例 5-5】 CompareValidator 控件的使用。

本例题实现了如何使用 CompareValidator 控件对密码与确认密码是否相等进行验证。

程序开发步骤如下：

(1) 打开网站"ch05"。

(2) 在网站中新添加一个窗体，命名为"Demo5_5.aspx"。

(3) Demo5_5.aspx 页面设计效果如图 5-17 所示。

图 5-17　CompareValidator 控件应用设计界面

CompareValidator 控件的 HTML 代码如下：

```
<asp:CompareValidator ID="CompareValidator1" runat="server" ControlToCompare=
"TextBox2" ControlToValidate="TextBox3" ErrorMessage="两次输入的密码不一致">
</asp:CompareValidator>
```

当两次输入密码不一致时的运行结果如图 5-18 所示。

图 5-18　CompareValidator 控件的应用

5.3.3　RangeValidator 控件

1. RangeValidator 控件的功能

RangeValidator 控件的功能是用户在 Web 窗体页上输入数据时,检查输入的值是否在指定的上下限范围之内。例如,用户输入的值是否介于两个数字、两个日期或介于两个字母字符之间。如果输入的值不在设定的上下限范围内,则显示范围验证错误信息。

2. RangeValidator 控件的主要属性

(1) MinimumValue 属性:用来指定范围的下限值。

(2) MaximumValue 属性:用来指定范围的上限值。

3. RangeValidator 控件的应用

通过在 Web 页面中添加 RangeValidator 控件,并将其链接到要做范围验证的输入控件,并且指定要验证的值的数据类型,就可以验证该控件输入的值是否在指定范围内。如果用户输入的值不在指定的范围内或输入的值无法转换为指定的数据类型,就会出现范围验证错误而无法正常提交该页面。

应用 RangeValidator 控件进行范围验证的操作步骤如下:

(1) 将 RangeValidator 控件添加到页中。

(2) 使用 MaximumValue 和 MinimumValue 属性来设置范围的上、下限值。

(3) 设置 Type 属性,指定范围设置的数据类型,可以使用 string、integer、double 或 currency 类型名。

(4) 如果是编程验证,可在 Web 窗体代码中添加测试代码,以检查有效性。

【例 5-6】　RangeValidator 控件的应用。

本例题利用 RangeValidator 控件实现了验证输入的数据是否在规定的范围之内。

程序开发步骤如下:

(1) 打开网站"ch05"。

(2)在网站中新添加一个窗体,命名为"Demo5_6.aspx"。

(3)Demo5_6.aspx 页面设计效果如图 5-19 所示。

图 5-19　RangeValidator 控件应用设计界面

RangeValidator 控件属性设置如表 5-14 所示。

表 5-14　　　　　　　　　　RangeValidator 控件属性设置

控件	属性	值
RangeValidator1	ControlToValidate	TextBox1
	MaximumValue	130
	MinimumValue	0
	Text	年龄的范围在 0-130 之间
	Type	integer

页面初始化程序代码如下:

```
1.    protected void Page_Load(object sender, EventArgs e)
2.    {
3.        this.Labinfo.Text="";
4.    }
```

【提交】按钮代码如下:

```
1.    protected void Button1_Click(object sender, EventArgs e)
2.    {
3.        if(this.TextBox1.Text!="")
4.        {
5.            this.Labinfo.Text="您的年龄是:"+this.TextBox1.Text;
6.        }
7.        else
8.        {
9.            this.Labinfo.Text="年龄不能为空!";
10.       }
11.   }
```

Web 页面的初始运行结果如图 5-20 所示。

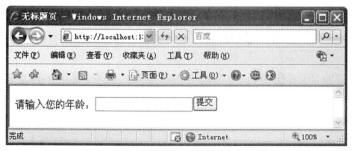

图 5-20　RangeValidator 控件应用初始化

输入超出范围的数据时结果如图 5-21 所示。

图 5-21　RangeValidator 控件验证不通过

输入在范围之内的数据时的结果如图 5-22 所示。

图 5-22　RangeValidator 控件验证通过

5.3.4　RegularExpressionValidator 控件

要验证如身份证号码、电子邮箱名、电话号码等内容的格式时,用前面所讲的验证控件无法实现,这时需要一个功能更为强大的验证控件,那就是 RegularExpressionValidator 控件。

1. RegularExpressionValidator 控件的功能

前面讲到的范围验证控件,可能有些不够完美,因为使用它并不能实现文字与数值数据混合在一起的限制,例如身份证号的输入限制,因此还需要一个更为强大的控件。RegularExpressionValidator 控件正是拥有这种强大功能的控件,该控件用来验证另一个控件的值是否与指定表达式的值匹配。

2. RegularExpressionValidator 控件的属性

RegularExpressionValidator 控件的属性大部分与前面介绍的验证控件相同,这里重点介绍其 ValidationExpression 属性。

ValidationExpression 属性:获取或设置被指定为验证控件的正则表达式。默认值为空字符串。

3. 正则表达式

正则表达式(Regular Expressions)是由普通文本字符和特殊字符组成的字符串,用来定义文字处理时需要匹配的文本内容模式。正则表达式提供了功能强大、灵活而又高效的方法来处理文本。正则表达式的全面模式匹配表示法使用户可以快速地分析大量的文本以找到特定的字符模式,提取、编辑、替换或删除文本子字符串,或将提取的字符串添加到集合以生成报告。对于处理字符串(例如 HTML 处理、日志文件分析和 HTTP 标头分析)的许多应用程序而言,正则表达式是不可缺少的工具。

用户可能比较熟悉在 DOS 文件系统中使用的"?"和"＊"字符,这两个元字符分别代表任意单个字符和任意多个字符。DOS 命令"COPY ＊.DOC A："表示将文件扩展名为".DOC"的所有文件均复制到 A 驱动器的磁盘中。字符"＊"代表文件扩展名".DOC"前的任何文件名。正则表达式极大地拓展了此基本思路,提供大量的元字符组,使用相对少的字符描述非常复杂的文本匹配表达式。例如,正则表达式"\s1001"在应用到文本正文时,将匹配在字符串"1001"前为任意空白字符(例如空格或制表符)的所有匹配项。常用正则表达式字符及其含义如表 5-15 所示。

表 5-15　　　　　　　　　　常用正则表达式字符及其含义

语法字符	含　义	语法字符	含　义
.	匹配除换行符外的任何一个字符	\	匹配跟在反斜杠(\)后的字符
＊	匹配前面表达式的 0 个或更多搜索项	{}	标记括号内的表达式所匹配的文本
+	匹配前面表达式的至少一个搜索项	:a	匹配表达式([a-z A-Z 0-9])
#	匹配前面表达式的一个或更多搜索项,匹配尽可能少的字符	:c	匹配表达式([a-z A-Z])
~n	匹配前面表达式的 n 个搜索项	:d	匹配表达式([0-9])
[ ]	匹配[ ]内的任何一个字符	:h	匹配表达式([0-9 a-f A-F]+)
[^...]	匹配跟在^之后的不在字符集中的任何字符	:i	匹配表达式([a-zA-Z_MYM][a-zA-Z0-9_MYM]＊)
^	将匹配定位到行首	:n	匹配表达式(([0-9]+.[0-9]＊)|([0-9]＊.[0-9]+)|([0-9]+))
$	将匹配定位到行尾	:q	匹配表达式(("[-"]＊")|('[-']＊'))
<	仅当词在文本中的此位置开始时才匹配	:w	匹配表达式([a-zA-Z]+)
>	仅当词在文本中的此位置结束时才匹配	:z	匹配表达式([0-9]+)
( )	将子表达式分组	{m}	匹配正好是 m 个指定的字符
|	匹配 OR 符号(|)之前或之后的表达式,最常用在分组中	{m,n}	匹配 m 个以上 n 个以下指定的字符

下面列举几个常用的正则表达式。

(1)验证邮政编码的正则表达式为:\d{6}。

(2)验证电子邮件的正则表达式为:\w+([-+.]\w+)＊@\w+([-.]\w+)＊\.\w+([-.]\w+)＊。

(3)验证固定电话的正则表达式为:(\(\d{3,4}\)|\d{3,4}-)?\d{7,8}。

【例 5-7】　RegularExpressionValidator 控件的应用。

本例题通过 RegularExpressionValidator 控件的 ValidationExpression 属性来验证文本框中输入的电话号码格式是否正确。

程序开发步骤如下:

(1)打开网站"ch05"。

(2)在网站中新添加一个窗体,命名为"Demo5_7.aspx"。

(3) Demo5_7.aspx 页面设计效果如图 5-23 所示。

图 5-23 RegularExpressionValidator 控件应用设计界面

RegularExpressionValidator 控件属性设置如表 5-16 所示。

表 5-16　　　　RegularExpressionValidator 控件属性设置

控　件	属　性	值
	ControlToValidate	TextBox1
RegularExpressionValidator1	ValidationExpression	(\(\d{3,4}\)|\d{3,4}-)?\d{8}|\d{7}
	Text	电话号码格式不符

运行结果如图 5-24 所示。

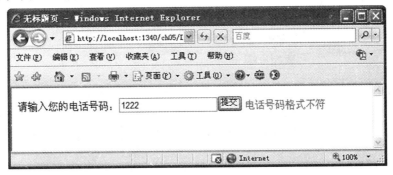

图 5-24　RegularExpressionValidator 控件的应用

5.3.5　ValidationSummary 控件

1. ValidationSummary 控件的功能及语法格式

该控件专门用来显示页面验证控件的验证错误信息，其语法格式如下：

```
<asp:ValidationSummary
    id="对象名称"
    HeaderText="要显示的标题文字"
    ShowSummary="True 或 False"
    ShowMessageBox="True 或 False"
    DisplayMode="错误信息的排列方式"
    runat="server">
</asp:ValidationSummary>
```

在此控件的语法格式中并没有看到与显示错误信息有关的设置，这是因为此控件所显示的错误信息是来自于其他验证控件中所设置的 ErrorMessage 属性。此外，这个控件并不像其他控件一样必须指定所要验证的控件，因为它会自行判断哪些字段没有通过验证。

2. ValidationSummary 控件的主要属性

（1）ShowSummary 属性：用来设置是否要显示其他验证控件所设置的 ErrorMessage 的内容，反之则不显示，默认值为 True。

（2）DisplayMode 属性：用来设置错误信息的排列方式，有 BulletList（以分行的方式显示错误信息并在每个错误信息前加上圆点）、List（以分行的方式显示错误信息但不在每个错误信息前加上圆点）和 SingleParagraph（以单行方式显示错误信息）三种属性值可以设置。

课堂实践

1. 定义一个验证中华人民共和国身份证号码的正则表达式。

2. 设计一个如图 5-25 所示的页面，要求保证每一项都必填，"密码"与"确认密码"要相同，"年龄"保证在 0～130 之间，"电话号码"与"身份证号"必须符合我国的规则要求。

图 5-25 验证控件应用

任务 5-4 设计用户注册页面

5.4.1 创建 Web 项目

在 Microsoft Visual Studio 2005 中创建 Web 项目就是创建网站，其具体操作步骤如下：

（1）选择【开始】|【程序】|【Microsoft Visual Studio 2005】|【Microsoft Visual Studio 2005】命令，启动 Microsoft Visual Studio 2005，进入.NET 集成开发环境。

（2）在 Microsoft Visual Studio 2005 集成开发环境中，选择【文件】|【新建】|【网站】命令，打开"新建网站"对话框，如图 5-26 所示。

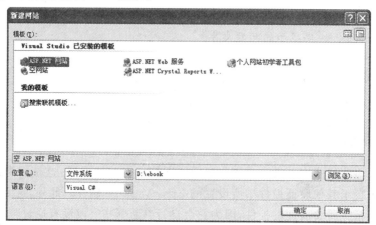

图 5-26 "新建网站"对话框

(3)在"新建网站"对话框中,在"模板"列表中选择"ASP.NET 网站";"位置"下拉列表中选择"文件系统",单击【浏览】按钮,选择要存放网站的位置并输入网站名,这里假设网站存放在 D 盘根目录下,网站名为"ebook";"语言"下拉列表中选择"Visual C#"。单击【确定】按钮,创建网站,打开新建网站的"源"视图界面,如图 5-27 所示。其中"Default.aspx"就是默认添加的 Web 窗体。单击左下角的"设计"可以查看其"设计"视图。

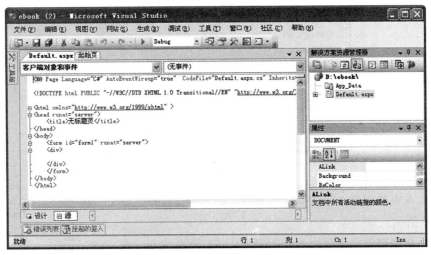

图 5-27 新建网站的"源"视图界面

至此,一个名为"ebook"的网站便创建成功。

5.4.2 设计 Web 页面

在已建好的"ebook"网站上添加一个 Web 窗体,命名为"register.aspx",即用户注册页面。接下来进行用户注册页面的设计。

用户注册页面的设计步骤如下:

第一步,在用户注册页面的"设计"视图模式下,选择【布局】|【插入表】命令,打开"插入表"对话框。

第二步,在"插入表"对话框中设置表格相应的属性,表格属性设置的情况如图 5-28 所示。

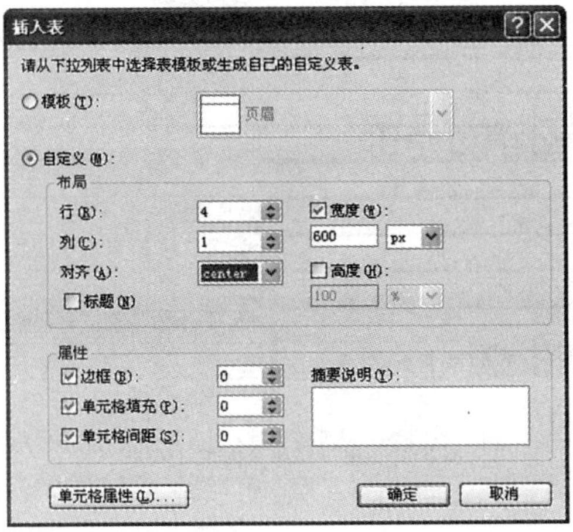

图 5-28 "插入表"对话框中表格属性的设置

单击"插入表"对话框中的【单元格属性】按钮,打开"单元格属性"对话框,如图5-29所示,将其"宽度"复选框取消。

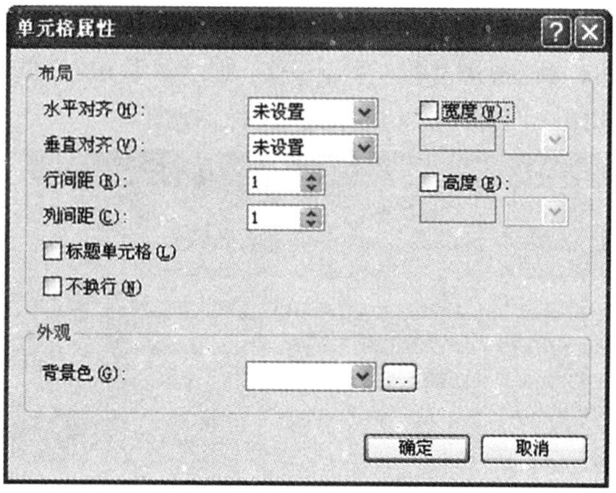

图 5-29 设置单元格属性

第三步,在表格的第1行中插入一个 Label 控件,其属性设置如图 5-30 所示。

第四步,在表格的第3行插入一个12行3列、宽度为600像素的表格,选中表格的第一列,将其宽度(width)设置为100像素,对齐方式(align)设置为右对齐(right),同样将第2列宽度设置为220像素,第2列和第3列的对齐方式设置为左对齐。

第五步,在表格相应的单元格中添加控件,用户注册页面的设计效果如图5-31所示。

用户注册页面各控件(不包括验证控件)的属性设置如表5-17所示。

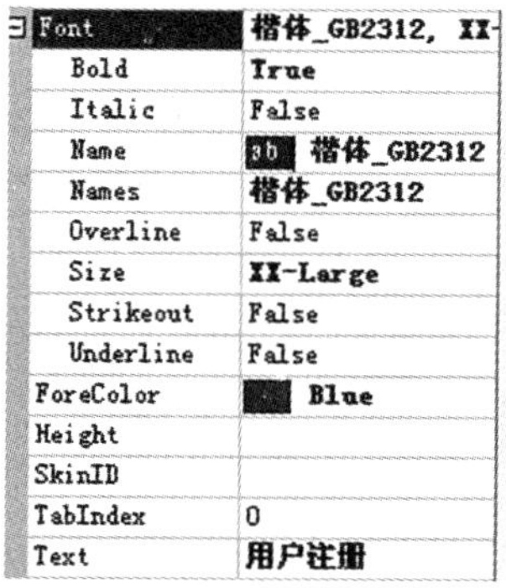

图 5-30 Label 控件属性设置

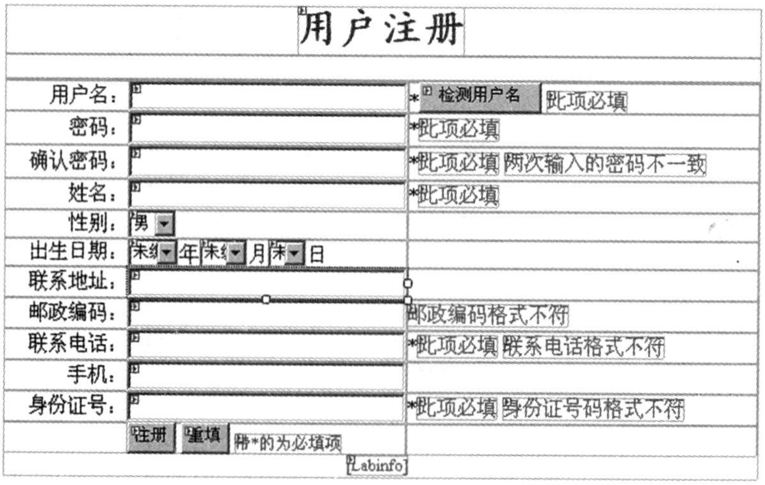

图 5-31 用户注册页面设计效果

表 5-17　　用户注册页面的主要控件及其属性设置

控件类型	控件名	属　性	方法/备注
TextBox 控件	txt_User_Name	ID:txt_User_Name	用户名
		TextMode:SingleLine	TextMode 属性表示文本框为单行、多行还是密码框
		TabIndex:1	TabIndex 属性表示按 Tab 键的索引
	txt_User_Pwd	ID:txt_User_Pwd	密码
		TextMode:Password	
		TabIndex:3	
	txt_ReUser_Pwd	ID:txt_ReUser_Pwd	确认密码
		TextMode:Password	
		TabIndex:4	
	txt_Rel_Name	ID:txt_Rel_Name	姓名
		TextMode:SingleLine	
		TabIndex:5	
	txt_Address	ID:txt_Address	联系地址
		TextMode:SingleLine	
		TabIndex:10	
	txt_Postalcode	ID:txt_Postalcode	邮政编码
		TextMode:SingleLine	
		TabIndex:11	
	txt_Tel	ID:txt_Tel	联系电话
		TextMode:SingleLine	
		TabIndex:12	
	txt_Mobile	ID:txt_Mobile	手机
		TextMode:SingleLine	
		TabIndex:13	
	txt_ID_Card	ID:txt_ID_Card	身份证号
		TextMode:SingleLine	
		TabIndex:14	
DropDownList 控件	DDL_Sex	ID:DDL_Sex	性别
		Items:男、女	Items 属性表示 DropDownList 控件的列表项集合
		TabIndex:6	
	DDL_Year	ID:DDL_Year	年
		TabIndex:7	

(续表)

控件类型	控件名	属性	方法/备注
DropDownList 控件	DDl_Month	ID:DDL_Month	月
		TabIndex:8	
	DDL_Day	ID:DDL_Day	日
		TabIndex:9	
Button 控件	btn_Register	ID:btn_Register	注册
		Text:注册	Click 方法
		TabIndex:15	
	btn_Catch	ID:btn_Catch	重填
		Text:重填	Click 方法
		TabIndex:16	
	btn_Check	ID:btn_Check	检测用户名
		Text:检测用户名	Click 方法
		TabIndex:2	
Label 控件	Label2	ID:Label2	
		Text:带 * 的为必填项	
		ForeColor:Red	
		Font-Size:Smaller	
	Labinfo	ID:Labinfo	
		Text:	
		ForeColor:Red	
		Font-Size:Smaller	

5.4.3 编写初始化页面的代码

首先引入命名空间,切换到代码编辑区域,在代码区的最前面添加语句:
using System.Data.SqlClient;

在用户注册页面中,利用 Page_Load 事件来动态绑定出生日期的年月日,"年"下拉列表框中的列表项是 1930～2008,"月"下拉列表框中的列表项是 1～12,"日"下拉列表框中的列表项是 1～31,可以使用循环结构将这些数据添加到下拉列表框中。在 Page 对象的 Load 事件中添加如下代码。

```
1.    protected void Page_Load(object sender, EventArgs e)
2.    {
3.        if(Page.IsPostBack==False)
4.        {
              //将数据添加到"年"下拉列表框中
5.            for(int Year=1930;Year<=2008;Year++)
6.            {
```

```
7.              this.DDL_Year.Items.Add(Convert.ToString(Year));
8.          }
            //将数据添加到"月"下拉列表框中
9.          for(int Month=1;Month<=12;Month++)
10.         {
11.             this.DDL_Month.Items.Add(Convert.ToString(Month));
12.         }
            //将数据添加到"日"下拉列表框中
13.         for(int Day=1;Day<=31;Day++)
14.         {
15.             this.DDL_Day.Items.Add(Convert.ToString(Day));
16.         }
17.         this.DDL_Year.Text="1970";
18.     }
19.     this.btn_Catch.CausesValidation=False;//【重填】按钮不触发验证事件
20.     this.btn_Check.CausesValidation=False;//【检测用户名】按钮不触发验证事件
21. }
```

【代码分析】

- 第3行，利用Page对象的IsPostBack属性来判断页面是否被回访；
- 第5~16行，分别使用for循环为"年"、"月"、"日"下拉列表控件添加列表项；
- 第17行，设置"年"下拉列表框的默认值；
- 第19~20行，设置【重填】和【检测用户名】按钮的CausesValidation属性为False，即禁止这两个按钮的验证事件发生。

课堂实践

新建一个电子商城网站OnlineShop，设计一个用户注册页面，并完成相应的页面初始化功能。

任务5-5 用户注册的数据验证

5.5.1 使用验证控件

用户注册页面用到了6个RequiredFieldValidator控件，1个CompareValidator控件和2个RegularExpressionValidator控件，必须要验证各控件，RequiredFieldValidator控件的属性设置如表5-18所示。

表 5-18　　各个 RequiredFieldValidator 控件的属性设置

控件名称	属性及值	备注
RequiredFieldValidator1	Text：此项必填	Text 属性指定当验证控件没有通过验证时提示的信息
	ControlToValidate：txt_User_Name	ControlToValidate 属性指定要验证的是哪一个控件
RequiredFieldValidator2	Text：此项必填	
	ControlToValidate：txt_User_Pwd	
RequiredFieldValidator3	Text：此项必填	
	ControlToValidate：txt_ReUser_Pwd	
RequiredFieldValidator4	Text：此项必填	
	ControlToValidate：txt_Rel_Name	
RequiredFieldValidator5	Text：此项必填	
	ControlToValidate：txt_Tel	
RequiredFieldValidator6	Text：此项必填	
	ControlToValidate：txt_ID_Card	

CompareValidator 控件的属性设置如表 5-19 所示。

表 5-19　　CompareValidator 控件的属性设置

控件名称	属性及值	备注
CompareValidator1	Text：两次输入的密码不一致	ControlToValidate 属性指定要验证的控件
	ControlToValidate：txt_ReUser_Pwd	ControlToCompare 属性指定要进行比较的控件
	ControlToCompare：txt_User_Pwd	

各个 RegularExpressionValidator 控件的属性设置如表 5-20 所示。

表 5-20　　各个 RegularExpressionValidator 控件的属性设置

控件名称	属性及值	备注
RegularExpressionValidator1	Text：邮政编码格式不符	ValidationExpression 属性指定验证规则，即正则表达式
	ControlToValidate：txt_Postalcode	
	ValidationExpression：\d{6}	
RegularExpressionValidator2	Text：联系电话格式不符	
	ControlToValidate：txt_Tel	
	ValidationExpression：(\(\d{3,4}\)|\d{3,4}-)?\d{7,8}	
RegularExpressionValidator3	Text：身份证号码格式不符	
	ControlToValidate：txt_ID_Card	
	ValidationExpression：\d{17}(\d{1}|X)	

用户在注册时，若输入的数据不符合验证规则的规定，将提示验证不通过的信息。运用验证控件可以验证用户输入的数据是否符合规定。

1. 应用 RequiredFieldValidator 控件进行数据验证

在用户注册页面中不输入任何内容，直接单击【注册】按钮，结果如图 5-32 所示。

图 5-32　没有通过 RequiredFieldValidator 控件的验证

2. 应用 CompareValidator 控件进行数据验证

若在用户注册页面输入的密码与确认密码不相同,将光标移动到下一个控件时结果如图 5-33 所示。

图 5-33　没有通过 CompareValidator 控件的验证

3. 应用 RegularExpressionValidator 控件进行数据验证

用户注册页面中对邮政编码、联系电话和身份证号内容进行了模式验证,邮政编码的正则表达式为\d{6},联系电话的正则表达式为(\(\d{3,4}\)|\d{3,4}-)? \d{7,8},身份证号的正则表达式为\d{17}(\d{1}|X)。

若在用户注册页面中输入的邮政编码含有字符、身份证号没有 18 位时,页面将提示如图 5-34 所示的信息。

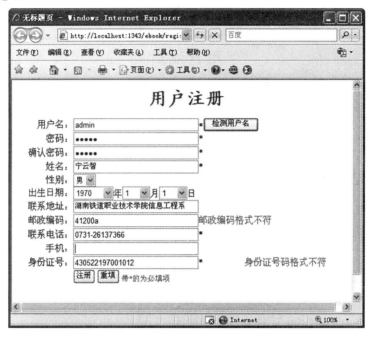

图 5-34　没有通过 RegularExpressionValidator 控件的验证

5.5.2　使用程序实现服务器端验证

使用程序实现验证指的是在自己的页面中随时通过代码调用,触发验证事件。例如前面介绍的必须验证,可以通过下面的语句来完成。

```
if(this.txt_User_Name.Text=="")
{
    this.Labinfo.Text="用户名不能为空";
}
if(this.txt_User_Pwd.Text=="")
{
    this.Labinfo.Text="密码不能为空";
}
if(this.txt_ReUser_Pwd.Text=="")
    this.Labinfo.Text="确认密码不能为空";
if(this.txt_Rel_Name.Text=="")
    this.Labinfo.Text="姓名不能为空";
if(this.txt_Tel.Text=="")
    this.Labinfo.Text="电话号码不能为空";
if(this.txt_ID_Card.Text=="")
    this.Labinfo.Text="身份证号不能为空";
```

比较两次输入的密码是否一致可用下面的代码完成验证。

```
if(! this.txt_User_Pwd.Text.Equals(this.txt_ReUser_Pwd.Text))
    this.Labinfo.Text="两次输入的密码不一致";
```

编程验证灵活性更大，但比用验证控件编写的代码量更多，当然还有一些验证用验证控件是达不到目的的，读者在项目开发中到底采用什么样的验证方式，可以根据实际需要与方便选择多种验证方式相结合。

课堂实践

完成在 5.4 节课堂实践中创建的 OnlineShop 网站注册页面上的验证功能。

任务 5-6 实现注册功能

5.6.1 检测用户名

检测用户名功能主要就是检查在注册时输入的用户名是否已经被注册，原理是根据输入的用户名对数据库中的用户表进行查询，若数据表中有对应记录则表示此用户名已经被注册，若数据表中没有对应记录则表示此用户名还没有被注册。程序代码如下：

```
1.  protected void btn_Check_Click(object sender, EventArgs e)
2.  {
3.      SqlConnection Con=new SqlConnection();
4.      Con.ConnectionString="server=.\\sql2005;database=网上书店;integrated security=sspi";
5.      SqlCommand Com=new SqlCommand();
6.      Com.Connection=Con;
7.      Com.CommandText="select * from 会员表 where 会员名='"+this.txt_User_Name.Text+"'";
8.      SqlDataAdapter Da=new SqlDataAdapter();
9.      Da.SelectCommand=Com;
10.     DataSet Ds=new DataSet();
11.     try
12.     {
13.         Ds.Clear();
14.         Con.Open();
15.         Da.Fill(Ds,"会员表");
16.         if(Ds.Tables["会员表"].Rows.Count!=0)
17.             this.Labinfo.Text="对不起,此用户已经被注册,请输入其他用户名!";
18.         else
19.             this.Labinfo.Text="恭喜您,此用户名可以使用!";
20.         Con.Close();
21.     }
22.     catch(SqlException )
```

```
23.        {
24.            this.Labinfo.Text="数据库连接打不开或操作命令错误,请重试!";
25.            Con.Close();
26.        }
27. }
```

【代码分析】

- 第 7 行,定义查询语句,此语句要注意 where 条件中引用变量的写法,在 SQL 语句中引用变量时,不能像在程序语句中那样直接写出,必须注意格式;
- 第 16～19 行,判断被填充的数据集中的当前表的数据行数是否为 0,若为 0,则表示此用户名没有被注册,可以进行注册,若不为 0,则表示此用户名已经被注册,不能再使用,要使用其他的用户名进行注册。

运行结果如图 5-35 所示。

图 5-35　检测用户名

5.6.2　实现注册

1.注册功能

注册功能将新用户在注册时输入的信息保存到用户表中,也就是在数据表中执行插入操作。程序代码如下:

```
1. protected void btn_Register_Click(object sender, EventArgs e)
2. {
3.     SqlConnection Con=new SqlConnection();
4.     Con.ConnectionString="server=.\\sql2005;database=网上书店;integrated security=sspi";
5.     SqlCommand Com=new SqlCommand();
```

```
6.      Com.Connection=Con;
7.      Com.CommandText="insert into 会员表(会员名,密码,姓名,性别,出生日期,联系地址,邮
        政编码,联系电话,手机,身份证号)"
        +"values('"+this.txt_User_Name.Text+"','"+this.txt_User_Pwd.Text+"','"+this.txt_
        Rel_Name.Text+"',"
        +"'"+this.DDL_Sex.SelectedItem.Text+"','"+this.DDL_Year.SelectedItem.Text+"-"+
        this.DDl_Month.SelectedItem.Text+"-"+this.DDL_Day.SelectedItem.Text+"',"
        +"'"+this.txt_Address.Text+"','"+this.txt_Postalcode.Text+"','"+this.txt_Tel.
        Text+"',"
        +"'"+this.txt_Mobile.Text+"','"+this.txt_ID_Card.Text+"')";
8.      try
9.      {
10.         Con.Open();
11.         Com.ExecuteNonQuery();
12.         this.Labinfo.Text="恭喜您注册成功!";
13.         Con.Close();
14.     }
15.     catch(SqlException)
16.     {
17.         this.Labinfo.Text="对不起,注册失败,请重试!";
18.         this.txt_User_Name.Focus();
19.         Con.Close();
20.     }
21. }
```

【代码分析】

- 第7行,定义插入语句,要注意此语句的格式,因此语句太长,故在这里用到了分行;
- 第18行,当注册失败后,将插入点(光标)移到用户名文本框中,利用Focus方法置焦点。

运行结果如图5-36所示。

2. 重置功能

重置功能是将用户注册时填写的内容全部清除。程序代码如下:

```
1.  protected void btn_Catch_Click(object sender, EventArgs e)
2.  {
3.      this.txt_User_Name.Focus();
4.      this.txt_Address.Text="";
5.      this.txt_ID_Card.Text="";
6.      this.txt_Mobile.Text="";
7.      this.txt_Postalcode.Text="";
8.      this.txt_Rel_Name.Text="";
9.      this.txt_ReUser_Pwd.Text="";
10.     this.txt_Tel.Text="";
11.     this.txt_User_Name.Text="";
12.     this.txt_User_Pwd.Text="";
13. }
```

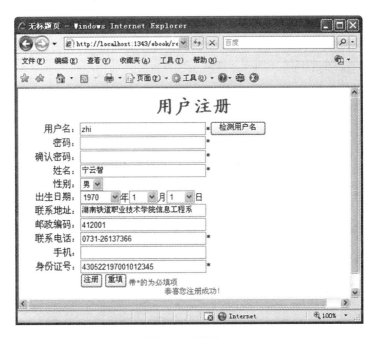

图 5-36 注册成功

课堂实践

完成在 5.4 节课堂实践中设计的注册页面的注册功能和用户名检测功能。

单元小结

本单元主要学习了如下内容：
- Page 对象，介绍了 Page 对象的 Page_Init 事件、Page_Load 事件和 Page_UnLoad 事件以及 IsPostBack 属性和 IsValid 属性；
- 介绍了 Web 服务器控件，主要包括 TextBox、Button、DropDownList 控件；
- 使用验证控件完成对输入数据的验证；
- 使用程序实现对输入数据的验证；
- 设计用户注册页面，并完成用户注册功能。

课外拓展

一、选择题

1. 比较两次输入的密码是否相同，可以使用下面的（　　）验证控件来实现。
   A. RequiredFieldValidator 控件　　　B. RegularExpressionValidator 控件
   C. CompareValidator 控件　　　　　D. RangeValidator 控件

2. 下面符合我国电话号码（固定电话）规则的正则表达式是（　　）。
   A. \d{6}　　　　　　　　　　　　B. (\(\d{3,4}\)|\d{3,4}-)?\d{7,8}
   C. \d{18}|\d{15}　　　　　　　　D. (\(\d{3}\)|\d{3}-)?(\d{8}|\d{7})?

3. 页面加载时,下面只执行一次的事件是( )。
A. Page_Init 事件　　　　　　　　B. Page_Load 事件
C. SelectedIndexChanged 事件　　　D. Button_Click 事件
4. 用 C#.NET 编写的网页后台代码被保存在( )文件中。
A. .aspx　　　B. .vb　　　C. .cs　　　D. .config
5. 页面的 IsPostBack 属性用来判别页面( )。
A. 是否需要回传　　　　　　　　B. 是否回传
C. 是否启用回传　　　　　　　　D. 是否立即响应
6. 控件的 AutoPostBack 属性用于设置其事件( )。
A. 是否立即回传　　　　　　　　B. 是否需要回传
C. 是否需要响应　　　　　　　　D. 是否立即响应
7. RequiredFieldValidator 控件的 ErrorMessage 属性用来( )。
A. 设置错误信息　　　　　　　　B. 设置到验证的控件
C. 定位错误类型　　　　　　　　D. 启动错误处理程序
8. RequireFieldValidator 控件的 ControlToValidate 属性用来( )。
A. 设置是否需要验证　　　　　　B. 设置到验证的控件
C. 设置验证方式　　　　　　　　D. 设置验证的数据类型
9. RangeValidator 控件用于验证数据( )。
A. 类型　　　B. 格式　　　C. 范围　　　D. 正则表达式
10. 要验证文本框中输入的数据是否为合法的邮政编码,需使用( )验证控件。
A. RequiredFieldValidator　　　　B. RangeValidator
C. CompareValidator　　　　　　D. RegularExpressionValidator

二、操作题

为实现用户注册页面上的所有验证功能,不使用验证控件来验证,请采用程序来实现所有的验证功能。

单元6 用户登录模块设计

学习目标

【知识目标】

- 掌握 ASP.NET 内置对象的应用
- 掌握主题的应用
- 熟练完成用户登录功能
- 熟悉数据库访问公共类的编写

【技能目标】

- 能利用 ASP.NET 内置对象完成相应功能
- 会使用主题
- 能编写数据库访问公共类
- 能实现用户登录功能

学习导航

本单元主要学习内容及在网上书店系统开发中的位置如图6-1所示。

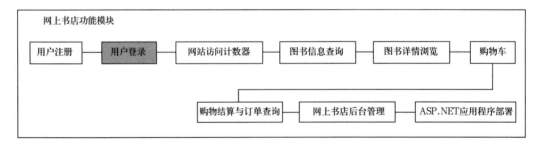

图 6-1 本单元学习导航

【项目展示】

用户登录页面的浏览效果如图6-2所示。

用户登录成功的结果如图6-3所示。

用户登录失败的结果如图6-4所示。

图 6-2 用户登录页面

图 6-3 用户登录成功

图 6-4 用户登录失败

任务 6-1 Response 对象

Response 对象用于控制发送给用户的数据,即从 ASP.NET 的服务器端响应到用户浏览的网页上,以供用户浏览,其类名称为 HttpResponse。它除了直接发送信息给浏览器外还可以重新定向浏览器到另一个 URL 或设置 Cookie 的值。该对象除了前面用到的 Write 方法外,还有很多其他的方法与属性,本节将重点介绍一些常用的方法与属性。

6.1.1 Response 对象的常用属性

Response 对象的常用属性如表 6-1 所示。

表 6-1　　　　　　　　　　　Response 对象的常用属性

属　性	描　述
Buffer	获取或设置一个值,该值指示是否缓冲输出,并在完成处理整个响应之后将其发送
Flush	立即发送缓冲区中的数据
BufferOutput	获取或设置一个值,该值指示是否缓冲输出,并在完成处理整个页之后将其发送。如果缓冲到客户端的输出,则为 True,否则为 False。其默认值为 True
Charset	获取或设置输出流的 HTTP 字符集。在中文环境下应该设置为 GB2312
ContentEncoding	获取或设置输出流的 HTTP 字符集
Cache	获取 Web 页的缓存策略(过期时间、保密性、变化子句)
ContentType	获取或设置输出流的 HTTP MIME 类型
Cookies	获取响应 Cookies 集合
Expires	获取或设置在浏览器上缓存的页过期之前的分钟数。如果用户在页过期之前返回同一页,则显示缓存的版本。提供 Expires 是为了与以前的 ASP 版本兼容
ExpiresAbsolute	获取或设置将缓存信息从缓存中移除时的绝对日期和时间。提供 ExpiresAbsolute 是为了与以前的 ASP 版本兼容
Filter	获取或设置一个包装筛选对象,该对象用于在传输之前修改 HTTP 实体主体
IsClientConnected	获取一个值,通过该值指示客户端是否仍连接在服务器上
Output	启用输出 HTTP 响应流的文本输出
OutputStream	启用输出 HTTP 内容主体的二进制输出
Status	设置返回到客户端的 Status 栏。在 ASP.NET 中,建议使用 StatusDescription 属性代替
StatusCode	获取或设置返回给客户端的输出的 HTTP 状态代码
StatusDescription	获取或设置返回给客户端的输出的 HTTP 状态字符串
SuppressContent	获取或设置一个值,该值指示是否将 HTTP 内容发送到客户端

6.1.2　直接输出内容

如果要在网页上输出提示信息,可以用一个 Label 控件来实现,即向页面添加一个 Label 控件。若不使用任何控件来显示提示信息,可以使用 Response 对象的 Write 方法来实现。在前面几章的例子中已经用到了 Response 对象的 Write 方法,下面来看一道例题。

【例 6-1】　利用 Response.Write 方法输出提示信息,界面设计如图 6-5 所示。

【提交】按钮的程序代码如下:

```
protected void btn_Submit_Click(object sender, EventArgs e)
{
    Response.Write("呵呵,这个按钮暂时还没有实现提交功能,下次再试吧!");
}
```

初始运行结果如图 6-6 所示。

输入内容,单击【提交】按钮的结果如图 6-7 所示。

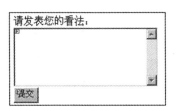

图 6-5　Response 对象使用 Write 方法实例　　图 6-6　利用 Response.Write 方法输出提示信息初始运行结果

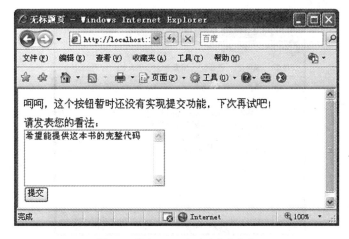

图 6-7　输出 Write 方法中的字符串

6.1.3　输出文本文件

Response.Write 方法可以将指定的字符串、数据输出到网页上,而 Response.WriteFile 方法可将文本文件中的所有内容输出到网页上,只要将文本文件的名称写入 WriteFile 方法即可,其语法格式为:Response.WriteFile("文件名称")。文件名称可使用"相对地址"或"绝对地址"的写法。在输出文件内容的同时,编译器还会对内容进行编译,如果含有 HTML 标记符就会被编译出来。请看下面的实例。

【例 6-2】 输出文本文件 response.txt 的内容,文本文件的内容如图 6-8 所示。

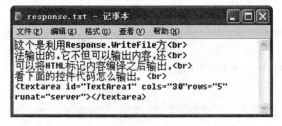

图 6-8　文本文件内容

页面初始化代码如下所示。

```
1.  protected void Page_Load(object sender, EventArgs e)
2.  {
3.      Response.Charset="GB2312";
4.      Response.WriteFile("response.txt");
5.  }
```

【代码分析】

● 第 3 行，利用 Charset 属性设置输出流的 HTTP 字符集，中文环境应该设置为 GB2312。若输出英文可以不写此语句，若输出中文则必须写明此语句，否则将输出乱码；

● 第 4 行，利用 WriteFile 属性输出 response.txt 文本文件的内容，将 response.txt 文件放在项目下。

运行结果如图 6-9 所示。

图 6-9 利用 Response.WriteFile 方法输出文件

可以看出，
换行符和 HTML 中的多行文本框都被编译出来了。

6.1.4 结束数据输出

若要停止服务器端继续向浏览器发送数据，可以使用 Response.End 方法。假设某网站的开放时间为正常的上班时间，其他时间不提供浏览服务，此时可用 Response.End 方法来实现。请看下面的例子。

【例 6-3】 假设某网站的开放时间为上午 8 点到下午 6 点，其他时间不开放。

页面初始化代码如下所示：

```
1.  protected void Page_Load(object sender, EventArgs e)
2.  {
3.      Response.Write("系统当前时间是:"+DateTime.Now.Hour+"点"+DateTime.Now.Minute
        +"分<br>");
4.      if(DateTime.Now.Hour<8 || DateTime.Now.Hour > 18)
5.      {
6.          Response.Write("本网站此时间停止开放<br>");
```

```
7.              Response.Write("本网站开放时间为:上午 8 点到下午 6 点");
8.              Response.End();
9.          }
10.         else
11.         {
12.             Response.Redirect("Demo6_2.aspx");
13.         }
14. }
```

【代码分析】
- 第 3 行,显示当前系统时间,"DateTime.Now.Hour"获得系统当前时间的小时,"DateTime.Now.Minute"获得系统当前时间的分钟;
- 第 4 行,判断当前的浏览时间是否在 8~18 点之间,然后执行不同的操作;
- 第 8 行,利用 Response 对象的 End 方法结束输出,当时间不在 8~18 点之间,就停止输出;
- 第 12 行,利用 Redirect 属性建立新链接,要保证链接到的网页已经存在。

系统时间在 6 点 57 分时运行结果如图 6-10 所示。

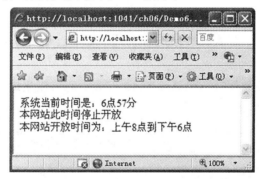

图 6-10 Response.End 方法实例

6.1.5 建立新链接

可以采用超链接控件来实现网页的链接,这个超链接是显示在网页上的可见对象,有时不希望在网页上显示超链接的形式,但又要能实现超链接功能,怎样来实现呢?可以采用 Response.Redirect 方法来解决此问题。其语法格式为:Response.Redirect("链接网址(URL)")。具体例子见例 6-3。

6.1.6 判断网页浏览者是否处于断开状态

当网页浏览者从服务器端下载一个复杂的网页时,有可能因等待时间太长而断开连接,此时服务器端并不会因为网页浏览者的断开而自动停止当初网页浏览者执行的程序,这样对服务器的资源来说无疑是种浪费,所以必须判断出网页浏览者是否断开连接,以节省服务器端的资源。可以利用 Response.IsClientConnected 方法来判断网页浏览者是否断开连接,当返回的值为 False 时,表示网页浏览者已断开连接,此时可用 Response.End 方法来结束输出。如下面的程序段:

```
1.  protected void Page_Load(object sender, EventArgs e)
2.  {
3.      if(Response.IsClientConnected==False)
4.      {
5.          Response.End();
6.      }
7.  }
```

课堂实践

1. 假设项目名为"ch06",项目名下有一文件夹"App_Data",现将一文本文件存放在此文件夹下,利用 Response 对象读出此文本文件的内容。

2. 程序员考试采用网上报名,上半年的报名时间为 2 月 10 日到 3 月 10 日,当报名人员早于 2 月 10 日报名或晚于 3 月 10 日报名,都提示"现在不是报名时间,报名时间为 2 月 10 日到 3 月 10 日",并停止网页内容的输出;如果在规定的报名时间报名则链接到报名网页,现请您设计一个满足条件的网站。

任务 6-2 Application 对象与 Session 对象

Application 对象的类名称为 HttpApplicationState,它可以生成一个所有 Web 应用程序都可以存取的变量,这个变量的使用范围涵盖全部使用者,只要是正在使用这个网页的程序都可以存取这个变量。每个 Application 对象变量都是 Application 集合中的对象之一,由 Application 对象统一管理。其使用语法如下:

Application["变量名"]="变量的值";

Session 对象的类名称为 HttpSessionState,Session 对象可以说是 Application 对象的兄弟,它也能产生属于 Session 对象的变量,并保存变量被多次执行过之后的内容,不过两者生命周期却不尽相同,Session 对象只针对单一网页使用者,不同的客户端无法互相存取。Application 对象终止于停止 IIS 服务,而 Session 对象终止于联机机器离线时,也就是当网页使用者关掉浏览器或超过 Session 变量的有效时间时,Session 对象才会消失。Session 对象变量的使用语法如下:

Session["变量名"]="变量的值";

Application 对象的常用属性如表 6-2 所示。

表 6-2 Application 对象的属性及说明

属性	说明
AllKeys	取得所有 Application 对象变量的名称,并返回一个字符串类型的数组
Count	取得所有 Application 对象变量的数量
Item	利用 Application 对象变量名称或索引值取得该变量的内容值

使用 Application 对象的 Count 属性汇总其数量的代码如下:

```
Application["User_Name"]="nyz";
Application["User_Pwd"]="123";
Application["User_Age"]="35";
Response.Write("Application 对象数量为:"+Application.Count.ToString());
```

Application 对象的常用方法如表 6-3 所示。

表 6-3　　　　　　　　　　Application 对象的方法及说明

方　法	说　明
Add	增加一个新的 Application 对象变量
Clear	清除所有 Application 对象变量
Get	利用变量名称或索引值取得该变量的名称
GetKey	利用索引值取得该变量的名称
Lock	在同一时间锁定所有的 Application 对象变量
Remove	清除某一个指定名称的 Application 对象变量
RemoveAll	清除所有 Application 对象变量
RemoveAt	按索引从集合中移除一个 Application 对象变量
Set	重新设置 Application 对象变量的内容值
UnLock	在同一时间解除所有的 Application 对象变量的锁定

Session 对象的常用属性如表 6-4 所示。

表 6-4　　　　　　　　　　Session 对象的属性及说明

属　性	说　明
Count	取得所有 Session 对象变量的数量
IsCookieless	判断 Cookies 功能是否已打开,若是,则返回 False,反之返回 True
Item	利用 Session 对象变量名称或索引值取得变量的内容值
Keys	利用索引值取得该变量的名称
SessionID	取得 Session 对象变量的唯一 ID,以便分辨不同的 Session 对象变量
TimeOut	设置或取得 Session 对象变量的有效时间,单位为分钟(minutes)

Session 对象的常用方法如表 6-5 所示。

表 6-5　　　　　　　　　　Session 对象的方法及说明

方　法	说　明
Add	增加一个 Session 对象变量
Clear	清除所有 Session 对象变量的内容值
Remove	清除某一个 Session 对象变量
RemoveAll	清除所有 Session 对象变量

6.2.1　Application 对象变量与一般变量的比较

当建立一个新的 Application 对象后,它就代表一个变量,此变量的生命周期比一般的变量要长。当重复执行同一程序时,一般变量的执行结果并不会保留到下一次程序执行,它的生命始于程序的执行开始,止于程序的执行结束。而Application对象所产生的变量在程序中被运算、执行的结果,并不会因程序的执行结束而消失,每一次重新执行程序时的变量内容,即为上一次执行结束后所得到的变量内容,它的生命周期始于系统的开始运作,止于系统的运作结束。也就是说,一旦系统开始运作且有浏览者联机,并开始执行网页的程序,此变量的执行结果就会被一直保留着,直到机器需要维护而关机,或因其他因素,必须重新启动系统时,此变量的执行结果才会消失。在下面的例子中,比较了Application对象变量与一般变量的不同。

【例 6-4】 比较 Application 对象变量与一般变量的不同。

在做这个例题之前,首先要在项目中添加一个 Global.asax 全局程序集文件,在该文件中的 Application_Start 事件中定义一个 Application 变量,并初始化为 0,该变量用来记录网站的访问人数(不完全准确)。

添加全局程序集文件的操作步骤为:

(1)在"解决方案资源管理器"中,右击"网站名"结点,弹出快捷菜单,选择"添加新项"选项。

(2)在"添加新项"对话框中的"模板"列表中选择"全局应用程序类",单击【添加】按钮,如图 6-11 所示。如果一个项目中已经添加了一个全局应用程序类,则不能再添加,在模板列表中也没有这个选项。

图 6-11 添加全局应用程序类

(3)在全局应用程序类中编写 Application_Start 事件。

Application_Start 事件的代码如下:

```
1.    void Application_Start(object sender, EventArgs e)
2.    {
3.        // 在应用程序启动时运行的代码
4.        Application["count"]=0;
5.    }
```

页面初始化代码如下:

```
1.    public partial class Demo6_4 : System.Web.UI.Page
2.    {
3.        int count1=0;
4.        protected void Page_Load(object sender, EventArgs e)
```

```
5.        { 6.          count1+=1;
7.            Application["count"]=int.Parse(Application["count"].ToString())+1;
8.            Response.Write("一般变量："+"您是第"+count1+"位光临本站的贵宾<br>");
9.            Response.Write("Application 变量："+"您是第"+Application["count"]+"位光临本站
                 的贵宾");
10.       }
11.   }
```

【代码分析】

- 第 3 行,定义一个窗体级变量 count1;
- 第 7 行,改变 Application 变量 count 的值,"int.Parse(Application["count"].ToString())"将 Application 变量的值转变为整型再进行计算;
- 第 8~9 行,分别输出一般变量和 Application 变量的值。

第一次启动项目运行结果如图 6-12 所示。

图 6-12　第一次启动项目运行结果

刷新网页 2 次后,结果如图 6-13 所示。

图 6-13　刷新页面后的运行结果

6.2.2 Application 对象的锁定

在上一节中,了解了网页计数器的工作原理,但这样的计数程序并不是完整无误的,因为没有考虑到某种特殊情况的发生。网页的特性在于可供许多网页浏览者同时浏览,若这个计数器的网页同时被两个以上的用户浏览时,那会发生什么事呢?答案是不论有多少人同时执行这个程序,程序内的 Application 对象变量的运算只会被执行一次,对于上一个例题来说,变量值只增加了 1,这样计数器所计的登录次数会产生错误,明明有很多人登录,计数器怎么只增加 1 呢?

Application 对象提供了 Lock 与 UnLock 属性来解决这个问题,也就是锁定与解除锁定。假设有 A、B 两位浏览者,他们同时执行了具有 Application 对象变量的网页,此时可利用 Application.Lock 使 A 浏览者先执行变量,暂时将此变量锁定,不允许其他浏览者变更此变量,一直到 A 浏览者执行了 Application.UnLock,才解除对此变量的锁定。这时 B 浏览者就可以执行此变量的运算了,而 B 浏览者得到的初始变量值,当然是经过 A 浏览者执行得到的结果。

以 6-4 例题为例,在 Application 对象变量的前后,以锁定的方法改写程序,如下所示:

```
1.   public partial class Demo6_4 : System.Web.UI.Page
2.   {
3.       int count1=0;
4.       protected void Page_Load(object sender, EventArgs e)
5.       {
6.           count1+=1;
7.           Application.Lock();
8.           Application["count"]=int.Parse(Application["count"].ToString())+1;
9.           Application.UnLock();
10.          Response.Write("一般变量:"+"您是第"+count1+"位光临本站的贵宾<br>");
11.          Response.Write("Application 变量:"+"您是第"+Application["count"]+"位光临本站的
             贵宾");
12.      }
13.  }
```

【代码分析】
- 第 7 行:锁定对象;
- 第 9 行:解除锁定对象。

现在解决了多人同时登录的问题,但同一位浏览者应该只能增加一次计数,而不是一直刷新网页就能增加计数的,关于这个问题,可以用 Session 对象来解决。在 6.2.4 节将具体介绍 Session 对象。

6.2.3 Application 对象的事件

1. Application_Start 事件

Application_Start 事件在首次创建新的会话之前发生,只有 Application 和 Server 内置对象可使用。Application_Start 事件发生在 Session_Start 事件之前,不过,Application 对象不会像 Session 对象那样在一个新用户请求后触发,Application 对象只触发一次,即第一个用户的第一次请求。触发 Application_Start 事件的脚本程序只能存在于 Global.asax 文件中。

因为 Application 对象是多用户共享的,因此,Application 对象不会因为某个甚至全部用户的离开而消失,一旦建立了 Application 对象,就会一直存在直到网站关闭或 Application 对象被卸载。由于 Application 对象创建之后不会自己注销,它会占用内存,影响服务器的响应速度，因此一定要特别小心地使用。

2. Application_End 事件

Application_End 事件在应用程序退出时于 Session_End 事件之后发生，只有 Application 和 Server 内置对象可使用。Application_End 事件只有在服务终止或者该 Application 对象卸载时才会触发，触发 Application_End 事件的脚本程序只能存在于 Global.asax 文件中。

6.2.4 Session 对象的一对一关系

从前面的讲述中知道，一旦网页中有 Application 对象所产生的变量，就可以保存此变量的值，提供给多个网页浏览者使用，这种一个变量可由多人共同使用的现象，称为一对多的关系。而 Session 对象所产生的变量，虽然也可以保存该变量的值，不过此变量只能供一位浏览者使用，但这不是说只有一个用户能使用这个变量，而是每一位链接到此网页使用该变量的浏览者，都有自己的 Session 对象变量，并且彼此之间互不相关，这种变量只给一个用户使用的现象，称为一对一的关系。可用下面的例题来说明一对多与一对一的关系。

【例 6-5】 Session 对象变量与 Application 对象变量的比较。

在 Global.asax 全局程序集文件中的 Session_Start 事件中定义一个 Session 变量，并初始化为 0。Session_Start 事件的代码如下：

```
1.  void Session_Start(object sender, EventArgs e)
2.  {
3.      // 在新会话启动时运行的代码
4.      Session["Session_Count"]=0;
5.  }
```

页面初始化代码如下：

```
1.  public partial class Demo6_5 : System.Web.UI.Page
2.  {
3.      protected void Page_Load(object sender, EventArgs e)
4.      {
5.          Application.Lock();
6.          Application["count"]=int.Parse(Application["count"].ToString())+1;
7.          Application.UnLock();
8.          Session["Session_Count"]=int.Parse(Session["Session_Count"].ToString())+1;
9.          Response.Write("使用 Application 对象变量值的变化:"+"您是第"+ Application["count"]+"位浏览本站的贵宾<br>");
10.         Response.Write("使用 Session 对象变量值的变化:"+"您是第"+Session["Session_Count"]+"位浏览本站的贵宾");
11.     }
12. }
```

【代码分析】

- 第 6 行：改变 Application 变量的值；
- 第 8 行：改变 Session 变量的值；
- 第 9~10 行：分别输出 Application 变量与 Session 变量的值。

初始运行结果如图 6-14 所示。

图 6-14　Session 对象变量与 Application 对象变量的比较（一）

经过 2 次刷新之后结果如图 6-15 所示。

图 6-15　Session 对象变量与 Application 对象变量的比较（二）

重新启动一个浏览器窗口，复制图 6-15 地址栏中的地址，粘贴到新启动的浏览器窗口中的地址栏，按回车键，结果如图 6-16 所示。

图 6-16　Session 对象变量与 Application 对象变量的比较（三）

从例题可以看出，Application 变量的值会一直保留下去，直到网站关闭，而 Session 变量的值在关闭浏览器之后又回到初始值。所以，Application 变量与用户是一对多的关系，而 Session 变量与用户是一对一的关系。

6.2.5　Session 对象的生命周期

Session 对象的生命周期始于网页浏览者"第一次"链接到此网页上，止于网页浏览者关闭此浏览窗口或切断与服务器端的连接。还有另一种状况也会结束 Session 对象的生命周期，就是当浏览者经过一段时间,并没有持续与服务器端联系,此时也会导致变量生命周期结束。因为 Application 与 Session 对象变量都是存放在服务器端机器的内存中,会占用服务器端的资源,而 Application 对象变量是大家公用的,是必要的资源;但 Session 对象变量是每位浏览者自己拥有的,一旦浏览者增多,会使得服务器端的资源被大量占用,严重的话还会导致服务器端瘫痪。为了减少这样的情况发生,Session 对象中提供了 TimeOut 属性,以监测浏览者的联机情况。当浏览者不再要求服务器端提供服务,也就是处于闲置状态,并维持了一段时间后,服务器端就会自动解除浏览者所拥有的 Session 对象变量,将这个资源空出来。TimeOut 属性所设置的时间像有效期一样,一旦过了有效期,浏览者就会重新取得一个新的 Session 对象变量来使用。TimeOut 属性的默认有效期为 20 分钟。

课堂实践

1. 使用 Application 对象实现一个模拟的网站访问计数器。
2. 使用 Session 对象显示当前访问此网站的在线人数。

任务 6-3　用户登录的界面设计

在用户登录页面中,主要用到了 Response 对象的 Write 方法与 Redirect 方法以及 Session 对象变量。

6.3.1　在现有的项目中添加 Web 窗体

在第 5 章已经新建了一个"ebook"项目,并完成了网上书店的用户注册功能,现在在原有项目的基础上,添加一个 Web 窗体,完成用户登录功能。在现有的项目中添加 Web 窗体的步骤如下:

(1) 右击"解决方案资源管理器"中的项目名"ebook",打开快捷菜单,然后选择"添加新项"选项,打开如图 6-17 所示的对话框。

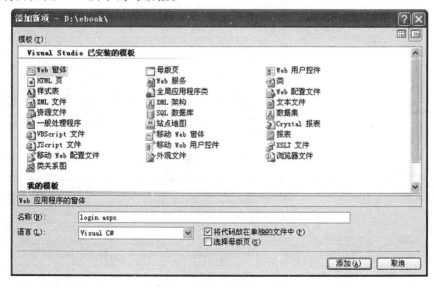

图 6-17　添加新项

(2)在"模板"列表中选择"Web 窗体",在"名称"文本框中输入页面名"login.aspx",单击【添加】按钮就在项目中添加了一个 Web 窗体。

6.3.2 设计用户登录页面

用户登录页面的设计步骤如下:

第一步,在用户登录页面的"设计"视图模式下,选择【布局】|【插入表】命令,打开"插入表"对话框。

第二步,在"插入表"对话框中设置表格相应的属性,插入一个 3 行 1 列,宽度为 300 像素的表格,并将单元格属性中的"宽度"复选框取消。

第三步,在表格的第 1 行中插入一个 Label 控件,其属性设置如图 6-18 所示。

第四步,在表格的第 3 行,插入一个 4 行 2 列,宽度为 300 像素的表格,选中表格的第 1 列,将其宽度(width)设置为 100 像素,对齐方式(align)设置为右对齐(right),第 2 列的对齐方式(align)设置为左对齐(left)。

第五步,在表格相应的单元格中添加控件,用户登录页面的设计效果如图 6-19 所示。

用户登录页面各控件的属性设置如表 6-6 所示。

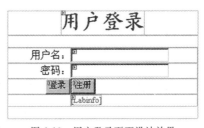

图 6-18 Label 控件属性设置　　图 6-19 用户登录页面设计效果

表 6-6　　　　　　　　用户登录页面的控件及其属性设置

控件类型	控件名	属　性	方法/备注
TextBox 控件	txt_User_Name	ID:txt_User_Name	用户名
		TextMode:SingleLine	TextMode 表示文本框为单行、多行还是密码框
		TabIndex:1	TabIndex 表示按 Tab 键的索引
	txt_User_Pwd	ID:txt_User_Pwd	密码
		TextMode:Password	
		TabIndex:2	
Button 控件	btn_Login	ID:btn_Login	登录
		Text:登录	Click 方法
		TabIndex:3	
	btn_Registerh	ID:btn_Register	注册
		Text:注册	Click 方法
		TabIndex:4	

(续表)

控件类型	控件名	属　　性	方法/备注
Label 控件	Labinfo	IID:Labinfo	
		Text:	
		ForeColor:Red	
		Font-Size:Smaller	

读者们可能发现了，用户注册页面与用户登录页面上有些控件的属性设置是一模一样的，如"用户注册"与"用户登录"两个 Label 控件设置的属性完全相同，还有提示信息的 Label 控件也完全相同，像这样的属性设置在后面的页面中还会用到，一个一个设置重复劳动太多，效率不高，可不可以使用简便的方法来实现呢？接下来看 ASP.NET 2.0 中提供的主题功能。

任务 6-4　主　　题

开发一些大型网站时，利用网页设计中的 CSS 样式可以使开发人员有效地设计出外观一致的网页。在 ASP.NET 2.0 之前，CSS 主要针对 HTML 元素，而在创建 ASP.NET 页面时，大多数使用 Web 服务器控件，为了使用 Web 服务器控件也能像 HTML 元素那样使用 CSS 样式，ASP.NET 2.0 提供了一种称为"主题"的新功能。通过应用主题，可以实现相同效果的网页。

6.4.1　主题概述

主题是指页面和控件外观属性设置的集合。开发人员可以利用主题定义页面和控件的外观，还可以利用主题快速一致地设置所有应用程序的页面。

1. 主题的组成元素

主题由 CSS 级联样式表、外观、图像和其他资源组成，其中外观是必不可少的组成元素之一。

(1) CSS 样式

主题可以包含一个或多个 CSS 样式表。将 CSS 文件放在主题目录中时，样式表将自动作为主题的一部分应用，当然也可将 CSS 文件放在其他目录。主题中的 CSS 文件与非主题中的 CSS 文件有所不同，主题中的 CSS 文件在应用时不需要在页面中指定 CSS 文件链接（即引入样式文件），而是设置页面或整个网站所使用的主题。

(2) 外观文件

外观文件是主题的核心内容，用于定义页面中各种服务器控件的外观。它包含一组给定控件的特定主题的标记，这种文件的扩展名为.skin。控件外观设置的属性可以是简单属性，也可以是复杂属性，复杂属性主要包括集合属性、模板属性等类型。如果在控件代码中添加了与控件外观不同的属性，则页面最终显示的是页面中控件设置的效果。

一个主题可以包含一个给定控件的多个外观，每个外观都用一个唯一的名称（SkinID 属性）标识。设置了 SkinID 属性的外观称为有名称的外观，没有设置的称为无名称的外观，默认

的为无名称外观。在相同主题中设置一个 Label 控件的两个有名称的外观,代码如下:

> ＜asp:Label runat="server" Text="" SkinID="small_font" Font-Size=Smaller/＞
> ＜asp:Label runat="server" Text="" SkinID="large_font" Font-Size=XX-Large/＞

(3)图像和其他资源

主题还包含图像、脚本文件、声音文件等。通常,主题的资源文件与该主题的外观文件位于同一个文件夹中,但也可以在应用程序中的其他文件夹下。

2. 主题文件的存储和组织方式

主题可以是全局的,也可以是局部的。在 Web 应用程序中,局部主题文件必须放在根目录的 App_Themes 文件夹下,该文件夹在添加外观文件时会自动生成,当然也可以手动创建。

在项目中添加一个外观文件,其操作步骤如下:

(1)右击"解决方案资源管理器"中的项目名,打开快捷菜单,然后选择"添加新项"选项,打开"添加新项"对话框。

(2)在"添加新项"对话框的"模板"列表中选择"外观文件",单击【添加】按钮,弹出如图6-20所示的警告框。单击【是】按钮就添加了一个外观文件。

图 6-20 添加外观文件时的警告

外观文件的组织方式主要有以下三种:

(1)根据控件类型组织:组织外观文件时,以控件类型进行分类,每个外观文件中都包含特定控件的一组外观定义。这种方式适用于包含控件较少的情况。

(2)根据文件组成组织:组织外观文件时,以网站中的页面进行分类,每个外观文件定义一个页面中控件的外观。这种方式适用于网站中页面较少的情况。

(3)根据 SkinID 组织:在对控件外观进行设置时,将具有相同 SkinID 属性的外观文件放在同一个外观文件中,这种方式适用于网站页面较多、设置内容复杂的情况。

6.4.2 主题创建

在 Web 项目中要创建一个新主题,首先需要在 App_Themes 文件夹下创建一个新的主题文件夹,右击 App_Themes 结点,在弹出的快捷菜单中选择【添加 ASP.NET 文件夹】|【主题】命令,然后将主题文件添加到该文件夹中,默认的主题文件夹为"主题1",将其重新命名为"Label"。

1. 创建外观文件

创建外观文件的步骤如下:

(1)右击"Label"文件夹,打开快捷菜单,然后选择"添加新项"选项,打开如图 6-21 所示的对话框。

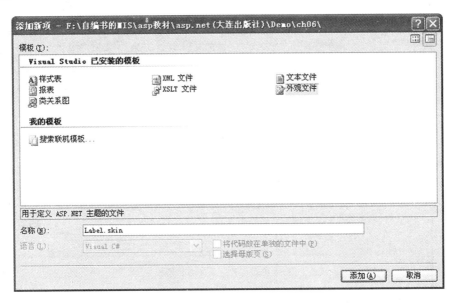

图 6-21　添加外观文件

(2)在"添加新项"对话框的"模板"列表中选择"外观文件",在"名称"文本框中将其命名为"Label.skin",单击【添加】按钮。

图 6-22　主题文件夹文件组织方式

(3)添加外观文件之后,"解决方案资源管理器"窗口中主题文件夹文件组织方式如图 6-22 所示。

(4)在"Label.skin"外观文件中添加相关代码,用来设置页面中 Label 控件的外观。其代码如下:

```
<asp:Label runat="server" Font-Bold="True" Font-Names="楷体_GB2312" Font-Size="XX-Large"
    ForeColor="Blue" SkinID="font_XXLarge" />
<asp:Label runat="server" Font-Size="Smaller" ForeColor="Red" SkinID="font_Small" />
```

【提示】

- 为了简化在创建控件外观文件时代码的编写,首先将控件添加到.aspx 页面中,然后利用属性窗口及可视化设计功能控件进行设置,再将控件代码复制到外观文件中并做适当的修改,但是一定要记住在外观文件中要移除控件的 ID 属性。

2. 创建 CSS 文件

在 Visual Studio 2005 中创建 CSS 文件的步骤如下:

(1)右击"Label"文件夹,打开快捷菜单,然后选择"添加新项"选项,打开"添加新项"对话框。

(2)在"添加新项"对话框的"模板"列表中选择"样式表",在"名称"文本框中将其命名为"text.css",单击【添加】按钮。

(3)在打开的"text.css"样式文件窗口的右边单击属性窗口中的"Style"属性,打开"样式生成器"对话框,如图 6-23 所示。

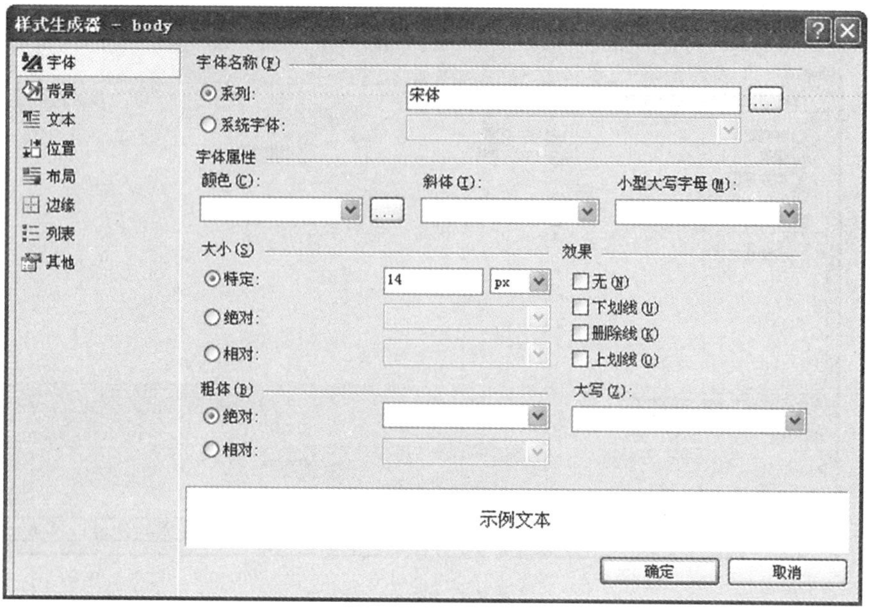

图 6-23 “样式生成器”对话框

(4)根据需要设置相应的属性,单击【确定】按钮,即完成样式文件的定义。

6.4.3 主题应用

1. 在单个页面中应用主题

在单个页面中应用主题,只要在页头设置 Theme 属性值为主题名即可,然后再设置控件的 SkinID 属性,就能看出效果。单个页面中应用主题页面的 HTML 代码如图 6-24 所示。注意图中两个椭圆内的代码。

```
<%@ Page Language="C#" AutoEventWireup="true" CodeFile="Default.aspx.cs" Inherits="_Default" Theme ="Label"%>

<!DOCTYPE html PUBLIC "-//W3C//DTD XHTML 1.0 Transitional//EN" "http://www.w3.org/TR/xhtml1/DTD/xhtml1-transitional.dtd">

<html xmlns="http://www.w3.org/1999/xhtml" >
<head runat="server">
    <title>无标题页</title>
</head>
<body>
    <form id="form1" runat="server">
    <div>
         
        <asp:Label ID="Label1" runat="server" Text="Label" SkinID="font_Small"></asp:Label></div>
    </form>
</body>
</html>
```

图 6-24 单个页面应用主题的 HTML 代码

主题在单个页面中的应用是最简单的,复杂的应用是当整个应用程序或者整个服务器都需要设置主题时,就要为页面和应用程序指定和禁用主题了,主题的另一个高级应用是动态加载,这是为了使用户摆脱设置主题的限制,实现动态自定义页面主题的功能。

2. 指定和禁用主题

在开发网站的过程中,可以根据实际需要指定和禁用主题。

(1)单个页面主题的指定与禁用

单个页面主题的指定和禁用是比较简单的,前面已经介绍了单个页面中应用主题,就是指定主题。主题有两种形式,定制主题和样式表主题,定制主题通过设置 Theme 属性实现,样式表主题通过设置 StylesheetTheme 属性实现。要将一个主题与一个页面相关联,只要设置@Page 指令中的 Theme 属性或 StylesheetTheme 属性即可。一旦指定了主题,整个页面内容都将自动应用所设置的主题,并将呈现所设置的外观。

禁用主题可以通过设置 EnableTheming 属性来实现,另一种是通过直接设置控件的属性来覆盖主题中对该控件的样式的设置,从而达到禁用主题的目的。

◀))【提示】
- Theme 属性和 StylesheetTheme 属性不建议在同一个页面中同时使用,如果同时使用,将都会被应用,但首先会应用样式表主题,然后应用定制主题。

(2)为应用程序指定和禁用主题

ASP.NET 2.0 中可以在不同的层级应用主题:应用程序级、文件夹级和网页级。应用程序级中设置的主题,将影响该应用程序中所有的网页和控件。可以在应用程序的 Web.config 文件中的<pages>节进行配置,代码如下:

```
<configuration>
<system.Web>
<pages theme="Label"></pages>
</system.Web>
</configuration>
```

3. 动态加载主题

动态加载主题,就是通过编程方式应用主题,ASP.NET 运行库在 PerInit 事件激发后,立即加载主题信息。实现动态加载主题的核心是修改 Page 对象的 Theme 属性值。读者可以查阅其他参考资料以了解其具体应用,这里就不举例说明了。

4. 登录页面应用主题

在"ebook"项目的 Web.config 文件中配置<pages>节,将之前在登录页面上设置的Label 控件的属性全部采用默认设置,设置"用户登录"Label 控件的 SkinID 属性为"font_XX-Large",用来显示提示信息的 Label 控件的 SkinID 属性设置为"font_Small",其设计效果如图 6-25 所示。在"设计"视图下看不出两个 Label 控件设置的格式,浏览效果如图 6-26 所示。

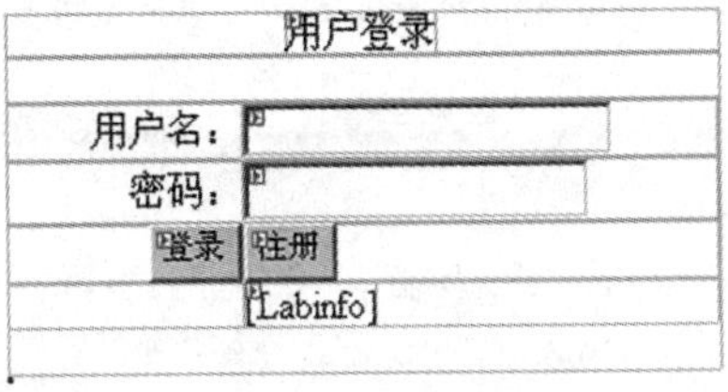

图 6-25 应用主题的登录页面

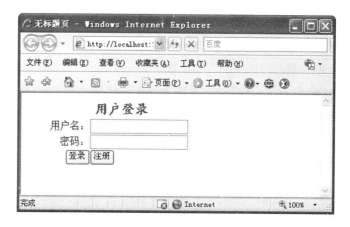

图 6-26 应用主题的登录页面浏览效果

课堂实践

1. 在 OnlineShop 网站中新建一个用户登录页面。

2. 在 OnlineShop 网站中创建一个主题,在主题中设置标题 Label 控件的样式和提示信息 Label 控件的样式。

3. 在 OnlineShop 网站中的用户注册页面和用户登录页面中应用主题。

任务 6-5　实现登录功能

实现登录功能需要对数据库进行操作,为了简化编程,这里特介绍编写数据库访问公共类。

6.5.1　将数据库连接字符串写入 Web.config 文件

为了方便修改数据库连接字符串,可以将数据库连接字符串写入 Web.config 文件中。打开 Web 应用程序"ebook",然后在"解决方案资源管理器"中双击 Web.config 文件,打开编辑窗口,其代码如下:

```
1.   <?xml version="1.0"?>
2.   <configuration>
3.     <appSettings>
4.       <add key="con" value="server=.\\sql2005;database=网上书店;integrated security=sspi"/>
5.     </appSettings>
6.     <connectionStrings/>
7.     <system.Web>
8.       <compilation debug="True"/>
9.       <authentication mode="Windows"/>
10.      <pages theme="Label"></pages>
11.    </system.Web>
12.  </configuration>
```

【代码分析】
- 第 4 行：添加数据库连接字符串，注意此语句的位置。

6.5.2 编写数据库访问公共类

在 ASP.NET 2.0 中添加类文件的操作步骤如下：

(1)右击"解决方案资源管理器"中的项目名"ebook"，打开快捷菜单，然后选择"添加新项"选项，打开"添加新项"对话框。

(2)在"模板"列表中选择"类"，在"名称"文本框中输入类名"DB.cs"，单击【添加】按钮弹出如图 6-27 所示的警告框。单击【是】按钮就添加了一个类文件，添加类文件之后的"解决方案资源管理器"中的类文件组织结构如图 6-28 所示。

图 6-27 添加类文件警告框

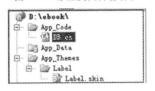

图 6-28 类文件的组织结构

(3)编写具体代码。接下来定义两个数据库操作的方法。首先引入 System.Data.SqlClient 名称空间，再定义公共变量。其代码如下：

```
1.  using System;
2.  using System.Data;
3.  using System.Configuration;
4.  using System.Web;
5.  using System.Web.Security;
6.  using System.Web.UI;
7.  using System.Web.UI.WebControls;
8.  using System.Web.UI.WebControls.WebParts;
9.  using System.Web.UI.HtmlControls;
10. using System.Data.SqlClient;
11. public class DB
12. {
13.     public SqlConnection Con=new SqlConnection();
14.     public SqlCommand Com=new SqlCommand();
15.     public SqlDataAdapter Da=new SqlDataAdapter();
16.     public DataSet Ds=new DataSet();
17.     public DB()
18.     {
```

```
19.         //
20.         // TODO：在此处添加构造函数逻辑
21.         //
22.     }
23. }
```

【代码分析】
- 第 10 行：引入 System.Data.SqlClient 名称空间；
- 第 13～16 行：定义公共变量；
- 第 17～22 行：DB 类的构造方法。

1. 定义一个从 Web.config 文件获取数据库连接字符串的方法

从 Web.config 文件获取字符串，主要是通过 ConfigurationManager.AppSettings 的 Get 方法来取得。获取数据库连接字符串的方法的代码如下：

```
1. public String GetConnectionString()
2. {
3.     String ConStr;
4.     ConStr=System.Configuration.ConfigurationManager.AppSettings.Get(0).ToString();
5.     return ConStr;
6. }
```

其他方法调用 GetConnectionString 方法后，将返回从 Web.config 文件获取的数据库连接字符串。

2. 定义一个用于返回数据集的公共查询方法

在项目中经常要用到查询，使用查询结果中的数据，为了简化重复编程，特定义一个用于公共查询的方法，调用这个方法后返回一个数据集。其具体代码如下：

```
1.  public DataSet GetDataTableBySql(String SqlStr)
2.  {
3.      Con.ConnectionString=GetConnectionString();
4.      Com.Connection=Con;
5.      Com.CommandText=SqlStr;
6.      Da.SelectCommand=Com;
7.      try
8.      {
9.          Ds.Clear();
10.         Con.Open();
11.         Da.Fill(Ds);
12.         Con.Close();
13.     }
14.     catch(SqlException)
15.     {
16.         Con.Close();
17.     }
18.     return Ds;
19. }
```

【代码分析】
- 第 3 行:调用从 Web.config 文件获取的数据库连接字符串的 GetConnectionString 方法,返回的字符串赋给数据库连接对象的连接字符串属性;
- 第 5 行:指定命令对象的操作命令,此操作命令是由调用此方法的语句传过来的,只要是查询语句,都可以调用此方法得到数据集;
- 第 18 行:返回数据集。

3. 定义一个用于返回执行数据更新操作是否成功的标志的方法

数据更新操作在项目中的使用也是非常频繁的,为了提高编程效率,特定义一个数据更新操作方法,在数据需要更新操作的地方调用此方法,就能完成数据更新操作。其代码如下:

```
1.  public Boolean UpdateDataBySql(String SqlStr)
2.  {
3.      Con.ConnectionString=GetConnectionString();
4.      Com.Connection=Con;
5.      Com.CommandText=SqlStr;
6.      try
7.      {
8.          Con.Open();
9.          Com.ExecuteNonQuery();
10.         Con.Close();
11.         return True;
12.     }
13.     catch(SqlException)
14.     {
15.         Con.Close();
16.         return False;
17.     }
18. }
```

【代码分析】
- 第 3 行:调用从 Web.config 文件获取的数据库连接字符串的 GetConnectionString 方法,返回的字符串赋给数据库连接对象的连接字符串属性;
- 第 5 行:指定命令对象的操作命令,此操作命令是由调用此方法的语句传过来的,只要是数据更新语句(增、删、改),都可以调用此方法更新数据;
- 第 11 行:若数据更新成功,则返回 True;
- 第 16 行:若数据更新失败,则返回 False。

6.5.3 进行 MD5 加密的用户注册代码

在实现登录功能之前,将前一章所写的注册功能的代码进行修改,用调用数据库访问公共类的方法来实现注册功能,为了保证密码的安全性,将密码进行 MD5 加密。其修改之后的代码如下:

```
1.  protected void btn_Register_Click(object sender, EventArgs e)
2.  {
3.      String Md5_User_Pwd = FormsAuthentication.HashPasswordForStoringInConfigFile(this.txt_User_Pwd.Text,"MD5");
4.      DB db = new DB();
5.      String SqlStr="insert into 会员表(会员名,密码,姓名,性别,出生日期,联系地址,邮政编码,联系电话,手机,身份证号)"
        +"values('"+this.txt_User_Name.Text+"','"+Md5_User_Pwd+"','"+this.txt_Rel_Name.Text+"',"
        +"'"+this.DDL_Sex.SelectedItem.Text+"','"+this.DDL_Year.SelectedItem.Text+"-"+this.DDl_Month.SelectedItem.Text+"-"+this.DDL_Day.SelectedItem.Text+"',"
        +"'"+this.txt_Address.Text+"','"+this.txt_Postalcode.Text+"','"+this.txt_Tel.Text+"',"
        +"'"+this.txt_Mobile.Text+"','"+this.txt_ID_Card.Text+"')";
6.      Boolean InsertResult;
7.      InsertResult = db.UpdateDataBySql(SqlStr);
8.      if(InsertResult == True)
9.      {
10.         this.Labinfo.Text="恭喜您注册成功!";
11.     }
12.     else
13.     {
14.         this.Labinfo.Text="对不起,注册失败,请重试!";
15.         this.txt_User_Name.Focus();
16.     }
17. }
```

【代码分析】

• 第 3 行:FormsAuthentication.HashPasswordForStoringInConfigFile("需要加密的文本","加密方式"),将密码进行 MD5 加密;

• 第 4 行:定义数据库访问类的对象;

• 第 5 行:定义数据插入语句;

• 第 6 行:定义一个布尔变量,用于接收调用数据更新方法的返回值;

• 第 7 行:调用数据更新方法。

为了提高程序的可移植性,将【检测用户名】按钮的代码进行修改,其修改之后的代码如下:

```
1.  protected void btn_Check_Click(object sender, EventArgs e)
2.  {
3.      DB db = new DB();
4.      String SqlStr="select * from 会员表 where 会员名='"+this.txt_User_Name.Text+"'";
5.      DataSet Ds = new DataSet();
6.      try
```

```
7.    {
8.        Ds.Clear();
9.        Ds=db.GetDataTableBySql(SqlStr);
10.       if(Ds.Tables[0].Rows.Count==0)
11.       {
12.           this.Labinfo.Text="恭喜您,此用户名可以使用!";
13.       }
14.       else
15.       {
16.           this.Labinfo.Text="对不起,此用户已经被注册,请输入其他用户名!";
17.       }
18.   }
19.   catch(Exception )
20.   {
21.       this.Labinfo.Text="没有得到任何数据,请重试!";
22.   }
```

【代码分析】

- 第 9 行:调用返回数据集的数据库访问类公共方法为 GetDataTableBySql()。

6.5.4 实现登录

【登录】按钮的功能是检查用户输入的用户名与密码是否与在数据库中注册的数据相同,若相同则登录成功,否则登录失败。【登录】按钮 Click 事件过程的程序代码如下:

```
1.  protected void btn_Login_Click(object sender, EventArgs e)
2.  {
3.      String Md5_User_Pwd=FormsAuthentication.HashPasswordForStoringInConfigFile(this.txt_User_Pwd.Text.ToString(),"MD5");
4.      SqlStr="select * from 会员表 where 会员名='"+this.txt_User_Name.Text+"' and 密码='"+Md5_User_Pwd+"'";
5.      Ds=db.GetDataTableBySql(SqlStr);
6.      try
7.      {
8.          if(Ds.Tables[0].Rows.Count==0)
9.          {
10.             this.Labinfo.Text="用户名或密码错误,请重试!";
11.             this.txt_User_Name.Focus();
12.         }
13.         else
14.         {
15.             this.Labinfo.Text="用户 "+this.txt_User_Name.Text+"恭喜您登录成功!";
16.             Session["UserName"]=this.txt_User_Name.Text;
17.         }
```

```
18.         }
19.         catch(Exception)
20.         {
21.             this.Labinfo.Text="没有得到任何数据,请重试!";
22.         }
23.     }
```

【代码分析】
- 第 3 行:将密码进行 MD5 加密;
- 第 5 行:调用返回数据集的数据库访问类公共方法 GetDataTableBySql();
- 第 8 行:判断返回的数据集中是否有数据行,有数据行则表示登录成功,没有数据行则表示登录失败;
- 第 11 行:如果用户名或密码错误,用户名文本框获得焦点;
- 第 16 行:将用户名文本框中的内容保存到 Session 变量 UserName 中;
- 第 19~22 行:当没有任何数据返回时,则第 8 行会产生异常,若产生异常则显示"没有得到任何数据,请重试!"的提示信息。

用户登录成功的结果如图 6-29 所示。

图 6-29 用户登录成功

用户登录失败的结果如图 6-30 所示。

图 6-30 用户登录失败

将登录用户名保存下来是为了以后的使用,在后面的章节将介绍其用途,用 Session 变量保存主要是因为 Session 变量有生命周期，例如在登录邮箱之后，如果长时间没有操作就需要重新登录，这也是利用了 Session 变量的生命周期。

【提示】
- 在完整的项目中，若登录成功则进入主页面，若登录失败则进入提示登录失败页面，读者可以用 Response 对象的 Redirect 方法跳转到相应的页面，这个内容在项目整合中再介绍。

6.5.5 注册和登录的集成

在登录页面上有一个【注册】按钮，此处的【注册】按钮的功能不同于前一章介绍的功能，这里只是起一个链接作用，该按钮 Click 事件过程的程序代码如下：

```
1.   protected void btn_Register_Click(object sender, EventArgs e)
2.   {
3.       Response.Redirect("register.aspx");
4.   }
```

【代码分析】
- 第 3 行：利用 Response 对象的 Redirect 方法进行页面跳转，参数 register.aspx 表示打开项目中的 register.aspx 页面。

在用户登录页面中单击【注册】按钮，将打开用户注册页面。

课堂实践

1. 在 OnlineShop 网站中，将数据库连接字符串写入 Web.config 文件。
2. 在 OnlineShop 网站中，编写数据库访问公共类。
3. 修改 OnlineShop 网站中用户注册页面的代码，通过调用数据库访问公共类来实现用户注册和用户名检测功能，用户注册时要求将密码进行 MD5 加密。
4. 完成 OnlineShop 网站中的用户登录功能。

单元小结

本单元主要学习了如下内容：
- Response 对象：Response 对象允许将数据作为请求结果发送到浏览器中，并提供有关响应的信息；
- Application 对象：Application 对象可以生成一个所有 Web 应用程序都可以存取的变量，这个变量的使用范围涵盖全部使用者，只要正在使用这个网页的程序都可以存取这个变量；
- Session 对象：Session 对象只针对单一网页使用者，不同的客户端无法互相存取；
- 主题：主题是指页面和控件外观属性设置的集合，主要包括外观文件、CSS 文件、主题的创建与应用；
- 修改 Web.config 文件：将数据库连接字符串写入 Web.config 文件；
- 定义数据库访问公共类：为了简化编程，定义数据库操作公共方法；
- MD5 加密：将密码进行 MD5 加密，有利于保证密码的安全，经过 MD5 加密之后的密

码,在数据库中不能直接看到密码的明文;
- 用户登录功能:完成用户登录功能。

课外拓展

一、选择题

1. 下列(　　)对象不能在页面间传送数据。
   A. Application　　　B. Session　　　C. ViewState　　　D. 查询字符串
2. 下列(　　)对象不是使用 Key/Value 方式保存数据的。
   A. Application　　　B. Session　　　C. ViewState　　　D. 查询字符串
3. 下列(　　)对象的数据不是保存在服务器中的。
   A. Application　　　B. Session　　　C. ViewState　　　D. Cache
4. 商务网站中客户购物信息的最佳保存场所是(　　)。
   A. Application　　　B. Session　　　C. ViewState　　　D. 查询字符串

二、判断题

1. 调用 Response. Redirect 方法时,从 A 页面跳转到 B 页面后,A 页面已被丢弃。(　　)
2. 调用 Server. Transfer 方法时,从 A 页面跳转到 B 页面后,可以在 B 页面中根据上下文句柄取得 A 页面的引用。(　　)
3. ASP. NET 为每个客户端都保存一份 Application,因此每个客户端看到的 Appliction 是不相同的。(　　)
4. Application. Lock 方法的作用是锁定 Application,防止多个客户端争抢访问,促进访问的同步。(　　)
5. Session 对象变量与 Application 对象变量一样都为所有客户端共享。(　　)

三、简答题

1. 输出中文的文本文件与输出英文的文本文件有什么不同?
2. Application 对象变量与 Session 对象变量有什么不同?

单元 7 网站访问计数器设计

● 学习目标

【知识目标】

- 掌握利用 Server 对象完成文本文件的操作
- 掌握 Request 对象和 Cookie 对象的应用
- 掌握网站计数器的设计

【技能目标】

- 会读写文本文件
- 能实现网站访问计数器
- 会使用 Cookie 对象记录客户的操作

● 学习导航

本单元主要学习内容及在网上书店系统开发中的位置如图 7-1 所示。

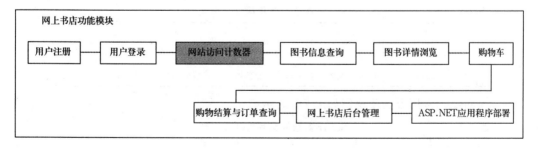

图 7-1 本单元学习导航

【项目展示】

利用 Request 对象获取浏览器端的信息如图 7-2 所示。

网站访问量统计计数器如图 7-3 所示。

图 7-2　利用 Request 对象获取浏览器端的信息　　　　图 7-3　网站访问量统计计数器

任务 7-1　Server 对象

Server 对象提供了一种处理 HTTP 连接请求的方法。Server 对象所对应的类是 HttpServerUtility 类，它用来处理与 HTTP 连接请求相关的事件，最典型的应用是使用 MapPath 方法取得相对路径在服务器上对应的绝对路径，以及使用 HtmlEncode 和 HtmlDecode 方法对 HTML 文本进行处理等。

7.1.1　HTML 的解码与编码

Server 对象的 HtmlDecode 与 HtmlEncode 属性可对网页上的输出内容进行 HTML 的编、解码动作。HtmlDecode 属性会将输出的内容以 HTML 语法解码后再输出，而 HtmlEncode 属性则是将输出的内容全部以 HTML 语法编码之后再输出。这与 HTML 控件中的 Span 控件有相似之处，它也有 InnerHtml 与 InnText 属性，可决定是否对输出内容进行 HTML 语法解释。

Server 对象的常用属性及说明如表 7-1 所示。

表 7-1　　　　　　　　　　Server 对象的常用属性及说明

属　　性	说　　明
MachineName	取得服务器端机器名称
ScripTimeOut	取得或设置由 Client 端向服务器端下载数据的超时时间（seconds）

Server 对象的常用方法及说明如表 7-2 所示。

表 7-2　　　　　　　　　　Server 对象的常用方法及说明

方　　法	说　　明
ClearError	清除先前的事件
CleatObject	以 ProgID 来建立 COM 对象
CleatObjectFromClsid	以 ClsID 来建立 COM 对象
GetLastError	取得前一事件
HtmlDecode	将 HTML 数据解码为原来的数据
HtmlEncode	将原来的数据编码成 HTML 可解释的数据

(续表)

方　法	说　明
MapPath	取得目前网页的完整实际路径再传入下一字符串
Transfer	中止目前下载的网页数据，开始下载另一个新的网页数据
UrlDecode	将 URL 字符串中被编码的信息解码
UrlEncode	将 URL 字符串中的信息编码

【例 7-1】 HTML 的编码与解码。

页面初始化程序代码如下：

```
1.  protected void Page_Load(object sender, EventArgs e)
2.  {
3.      Response.Write("使用 HtmlEncode 属性：");
4.      Response.Write(Server.HtmlEncode("这是换行符"+"<Br>"));
5.      Response.Write("<Br>");
6.      Response.Write("使用 HtmlDecode 属性：");
7.      Response.Write(Server.HtmlDecode("这是换行符"+"<Br>"));
8.      Response.Write("<Br>");
9.      Response.Write("测试完成，比较两者的不同！");
10. }
```

运行结果如图 7-4 所示。

图 7-4　HTML 的编码与解码

从运行结果可以看出，使用 HtmlEncode 编码时，换行标记"
"并没有产生换行，而使用 HtmlDecode 解码时，换行标记"
"产生了换行。

7.1.2　URL 的解码与编码

Server 对象的 UrlDecode 与 UrlEncode 属性也是进行解码与编码的，只是它的对象是 URL，也就是存在于网址中的信息。这些编、解码的动作是为了让一些无法读取或者特殊的字符（例如@、#、&、<、>等）也能被顺利地解读出来。

【例 7-2】 输出 URL 中的标记或符号。

页面的初始化程序代码如下：

```
1.  protected void Page_Load(object sender, EventArgs e)
2.  {
3.      String DateString;
4.      DateString="05/01/2006 is a #Date#";
5.      Response.Write("使用 UrlEncode 属性:");
6.      Response.Write(Server.UrlEncode(DateString+"<Br>"));
7.      Response.Write("<Br>");
8.      Response.Write("使用 UrlDecode 属性:");
9.      Response.Write(Server.UrlDecode(DateString+"<Br>"));
10.     Response.Write("<Br>");
11.     Response.Write("测试完成,比较两者输出的不同!");
12. }
```

运行结果如图 7-5 所示。

图 7-5　输出 URL 中的标记或符号

7.1.3　文本文件的操作

文件操作中的重点是文件的读写操作,System.IO 命名空间提供了许多文件读写操作类,常见的操作方式有两种:文本模式与二进制模式。

文本模式常用 StreamWriter 类来处理,它是专门用来处理文本文件的类,可以方便地向文本文件中写入字符串,同时也负责重要的转换及处理向 FileStream 对象的写入工作。

System.IO 命名空间中的类如表 7-3 所示。

表 7-3　System.IO 命名空间中的类及说明

方　法	说　明
BufferedStream	给另一流上的读写操作添加一个缓冲层
DriveInfo	提供对有关驱动器的信息的访问
Directory	创建、复制、移动、重命名和删除目录
EndOfStreamException	读操作试图超出流的末尾时引发的异常
ErrorEventArgs	为 Error 事件提供数据
File	提供用于用于创建、复制、删除、移动和打开文件的静态方法,并协助创建 FileStream 对象

(续表)

方 法	说 明
FileInfo	提供创建、复制、删除、移动和打开文件的实例方法，并且帮助创建 FileStream 对象
FileLoadException	当找到托管程序集却不能加载它时引发的异常
FileNotFoundException	试图访问磁盘上不存在的文件失败时引发的异常
FileStream	公开以文件为主的 Stream，既支持同步读写操作，也支持异步读写操作
FileSystemEventArgs	提供目录事件的数据：Changed、Created、Deleted
FileSystemInfo	为 FileInfo 和 DirectoryInfo 对象提供基类
FileSystemWatcher	侦听文件系统更改通知，并在目录或目录中的文件发生更改时引发事件
InternalBufferOverflowException	内部缓冲区溢出时引发的异常
InvalidDataException	在数据流的格式无效时引发的异常
IODescriptionAttribute	设置可视化设计器在引用事件、扩展程序或属性时可显示的说明
IOException	发生 I/O 错误时引发的异常
MemoryStream	创建其支持存储区为内存的流
Path	对包含文件或目录路径信息的 String 实例执行操作。这些操作是以跨平台的方式执行的
PathTooLongException	当路径名或文件名超过系统定义的最大长度时引发的异常
RenamedEventArgs	为 Renamed 事件提供数据
Stream	提供字节序列的一般视图
StreamReader	实现一个 TextReader，使其以一种特定的编码从字节流中读取字符
StreamWriter	实现一个 TextWriter，使其以一种特定的编码向流中写入字符
StringReader	实现从字符串进行读取的 TextReader
StringWriter	实现一个用于将信息写入字符串的 TextWriter。该信息存储在基础 StringBuilder 中
TextReader	表示可读取连续字符系列的读取器
TextWriter	表示可以编写一个有序字符系列的编写器。该类为抽象类

1. File 类

File 类支持对文件的基本操作，包括文件的创建、打开、复制、移动和删除的静态方法，并协助创建 FileStream 对象。File 类的常用方法如表 7-4 所示。

表 7-4　　　　　　　　　　File 类的常用方法及说明

方 法	说 明
AppendAllText	将指定的字符串追加到文件中，如果文件不存在则创建该文件
AppendText	创建一个 StreamWriter，它将 UTF-8 编码文本追加到现有文件
Copy	将现有文件复制到新文件
Create	在指定路径中创建文件
CreateText	创建或打开一个文件用于写入 UTF-8 编码的文本
Decrypt	解密由当前账户使用 Encrypt 方法加密的文件
Delete	删除指定的文件。如果指定的文件不存在，则不引发异常

(续表)

方法	说明
Encrypt	将某个文件加密，使得只有加密该文件的账户才能将其解密
Equals	确定两个 Object 实例是否相等
Exists	确定指定的文件是否存在
GetAccessControl	获取一个 FileSecurity 对象，它封装指定文件的访问控制列表条目
GetAttributes	获取在此路径上的文件的 FileAttributes
GetCreationTime	返回指定文件或目录的创建日期和时间
GetCreationTimeUtc	返回指定的文件或目录的创建日期及时间，其格式为协调通用时间
GetHashCode	用作特定类型的哈希函数。GetHashCode 适合在哈希算法和数据结构（如哈希表）中使用
GetLastAccessTime	返回上次访问指定文件或目录的日期和时间
GetLastAccessTimeUtc	返回上次访问指定文件或目录的日期及时间，其格式为协调通用时间
GetLastWriteTime	返回上次写入指定文件或目录的日期和时间
GetLastWriteTimeUtc	返回上次写入指定文件或目录的日期和时间，其格式为协调通用时间
GetType	获取当前实例的 Type
Move	将指定文件移到新位置，并提供指定新文件名的选项
Open	打开指定路径上的 FileStream
OpenRead	打开现有文件以进行读取
OpenText	打开现有 UTF-8 编码文本文件以进行读取
OpenWrite	打开现有文件以进行写入
ReadAllBytes	打开一个文件，将文件的内容读入一个字符串，然后关闭该文件
ReadAllLines	打开一个文本文件，将文件的所有行都读入一个字符串数组，然后关闭该文件
ReadAllText	打开一个文本文件，将文件的所有行读入一个字符串，然后关闭该文件
ReferenceEquals	确定指定的 Object 实例是否是相同的实例
Replace	使用其他文件的内容替换指定文件的内容，这一过程将删除原始文件，并创建被替换文件的备份
SetAccessControl	对指定的文件应用由 FileSecurity 对象描述的访问控制列表项
SetAttributes	设置指定路径上文件的指定的 FileAttributes
SetCreationTime	设置创建该文件的日期和时间
SetCreationTimeUtc	设置文件创建的日期和时间，其格式为协调通用时间
SetLastAccessTime	设置上次访问指定文件的日期和时间
SetLastAccessTimeUtc	设置上次访问指定文件的日期和时间，其格式为协调通用时间
SetLastWriteTime	设置上次写入指定文件的日期和时间
SetLastWriteTimeUtc	设置上次写入指定文件的日期和时间，其格式为协调通用时间
WriteAllBytes	创建一个新文件，在其中写入指定的字节数组，然后关闭该文件。如果目标文件已存在，则改写该文件
WriteAllLines	创建一个新文件，在其中写入指定的字符串，然后关闭文件。如果目标文件已存在，则改写该文件
WriteAllText	创建一个新文件，在文件中写入内容，然后关闭文件。如果目标文件已存在，则改写该文件

2. Directory 类

Directory 类用于创建、复制、移动、重命名和删除目录。Directory 类的常用方法如表 7-5 所示。

表 7-5　　　　　　　　　　Directory 类的常用方法及说明

方　　法	说　　明
CreateDirectory	创建指定路径中的所有目录
Delete	删除指定的目录
Equals	确定两个 Object 实例是否相等
Exists	确定给定路径是否引用磁盘上的现有目录
GetAccessControl	返回某个目录的 Windows 访问控制列表
GetCreationTime	获取目录的创建日期和时间
GetCreationTimeUtc	获取目录创建的日期和时间,其格式为协调通用时间
GetCurrentDirectory	获取应用程序的当前工作目录
GetDirectories	获取指定目录中子目录的名称
GetDirectoryRoot	返回指定路径的卷信息、根信息或两者同时返回
GetFiles	返回指定目录中的文件的名称
GetFileSystemEntries	返回指定目录中所有文件和子目录的名称
GetHashCode	用作特定类型的哈希函数。GetHashCode 适合在哈希算法和数据结构(如哈希表)中使用
GetLastAccessTime	返回上次访问指定文件或目录的日期和时间
GetLastAccessTimeUtc	返回上次访问指定文件或目录的日期和时间,其格式为协调通用时间
GetLastWriteTime	返回上次写入指定文件或目录的日期和时间
GetLastWriteTimeUtc	返回上次写入指定文件或目录的日期和时间,其格式为协调通用时间
GetLogicalDrives	检索此计算机上格式为"<驱动器号>:\"的逻辑驱动器的名称
GetParent	检索指定路径的父目录,包括绝对路径和相对路径
GetType	获取当前实例的 Type
Move	将文件或目录及其内容移到新位置
ReferenceEquals	确定指定的 Object 实例是否是相同的实例
SetAccessControl	将 DirectorySecurity 对象描述的访问控制列表项应用于指定的目录
SetCreationTime	为指定的文件或目录设置创建日期和时间
SetCreationTimeUtc	设置指定文件或目录的创建日期和时间,其格式为协调通用时间
SetCurrentDirectory	将应用程序的当前工作目录设置为指定的目录
SetLastAccessTime	设置上次访问指定文件或目录的日期和时间
SetLastAccessTimeUtc	设置上次访问指定文件或目录的日期和时间,其格式为协调通用时间
SetLastWriteTime	设置上次写入目录的日期和时间
SetLastWriteTimeUtc	设置上次写入某个目录的日期和时间,其格式为协调通用时间

3. FileStream 类

FileStream 类的对象表示在磁盘上指向文件的流。一个 FileStream 类的实例实际上代表一个磁盘文件,它通过 Seek 方法对文件进行随机访问,同时也包含了流的输入、输出及错误等。FileStream 类的常用属性及说明如表 7-6 所示。

表 7-6　　　　　　　　　FileStream 类的常用属性及说明

方　法	说　明
CanRead	获取一个值,该值指示当前流是否支持读取
CanSeek	获取一个值,该值指示当前流是否支持查找
CanTimeout	获取一个值,该值确定当前流是否可以超时
CanWrite	获取一个值,该值指示当前流是否支持写入
Handle	获取当前 FileStream 对象所封装文件的操作系统文件句柄
IsAsync	获取一个值,该值指示 FileStream 是异步还是同步打开的
Length	获取用字节表示的流长度
Name	获取传递给构造函数的 FileStream 的名称
Position	获取或设置此流的当前位置
ReadTimeout	获取或设置一个值,该值确定流在超时前尝试读取多长时间
SafeFileHandle	获取 SafeFileHandle 对象,该对象表示当前 FileStream 对象封装的文件的操作系统文件句柄
WriteTimeout	获取或设置一个值,该值确定流在超时前尝试写入多长时间

FileStream 类的常用方法及说明如表 7-7 所示。

表 7-7　　　　　　　　　FileStream 类的常用方法及说明

方　法	说　明
BeginRead	开始异步读
BeginWrite	开始异步写
Close	关闭当前流并释放与之关联的所有资源(如套接字和文件句柄)
CreateObjRef	创建一个对象,该对象包含生成用于与远程对象进行通信的代理所需的全部相关信息
EndRead	等待挂起的异步读取完成
EndWrite	结束异步写入,在 I/O 操作完成之前一直阻止
Equals	确定两个 Object 实例是否相等
Flush	清除该流的所有缓冲区,使得所有缓冲的数据都被写入到基础设备
GetAccessControl	获取 FileSecurity 对象,该对象封装当前 FileStream 对象所描述的文件的访问控制列表项
GetHashCode	用作特定类型的哈希函数。GetHashCode 适合在哈希算法和数据结构(如哈希表)中使用
GetLifetimeService	检索控制此实例的生存期策略的当前生存期服务对象
GetType	获取当前实例的 Type
InitializeLifetimeService	获取控制此实例的生存期策略的生存期服务对象
Lock	允许读取访问的同时防止其他进程更改 FileStream
Read	从流中读取字节块并将该数据写入给定缓冲区中

(续表)

方　法	说　明
ReadByte	从文件中读取一个字节，并将读取位置提升一个字节
ReferenceEquals	确定指定的 Object 实例是否是相同的实例
Seek	将该流的当前位置设置为给定值
SetAccessControl	将 FileSecurity 对象所描述的访问控制列表项应用于当前 FileStream 对象所描述的文件
SetLength	将该流的长度设置为给定值
Synchronized	在指定的 Stream 对象周围创建线程安全(同步)包装
ToString	返回表示当前 Object 的 String
UnLock	允许其他进程访问以前锁定的某个文件的全部或部分
Write	使用从缓冲区读取的数据将字节块写入该流
WriteByte	将一个字节写入文件流的当前位置

4. StreamWriter 类

StreamWriter 类是专门用来处理文本文件的类，可以方便地向文本文件中写入字符串。StreamWriter 类的常用属性及说明如表 7-8 所示。

表 7-8　　　　　StreamWriter 类的常用属性及说明

方　法	说　明
AutoFlush	获取或设置一个值，该值指示 StreamWriter 是否在每次调用 StreamWriter.Write 之后，将其缓冲区刷新到基础流
BaseStream	获取同后备存储区连接的基础流
Encoding	获取将输出写入到其中的 Encoding
FormatProvider	获取控制格式设置的对象
NewLine	获取或设置由当前 TextWriter 使用的行结束符字符串

StreamWriter 类的常用方法及说明如表 7-9 所示。

表 7-9　　　　　StreamWriter 类的常用方法及说明

方　法	说　明
Close	关闭当前的 StreamWriter 对象和基础流
CreateObjRef	创建一个对象，该对象包含生成用于与远程对象进行通信的代理所需的全部相关信息
Equals	确定两个 Object 实例是否相等
Flush	清理当前编写器的所有缓冲区，并使所有缓冲数据写入基础流
GetHashCode	用作特定类型的哈希函数。GetHashCode 适合在哈希算法和数据结构(如哈希表)中使用
GetLifetimeService	检索控制此实例的生存期策略的当前生存期服务对象
GetType	获取当前实例的 Type
InitializeLifetimeService	获取控制此实例的生存期策略的生存期服务对象
ReferenceEquals	确定指定的 Object 实例是否是相同的实例

(续表)

方　法	说　明
Synchronized	在指定 TextWriter 周围创建线程安全包装
ToString	返回表示当前 Object 的 String
Write	写入流
WriteLine	写入重载参数指定的某些数据,后跟行结束符

5. StreamReader 类

StreamReader 类是专门用来读取文本文件的类,StreamReader 类的常用方法如表 7-10 所示。

表 7-10　　　　　　　　　StreamReader 类的常用方法

方　法	说　明
Close	关闭 StringReader
CreateObjRef	创建一个对象,该对象包含生成用于与远程对象进行通信的代理所需的全部相关信息
Equals	确定两个 Object 实例是否相等
GetHashCode	用作特定类型的哈希函数。GetHashCode 适合在哈希算法和数据结构(如哈希表)中使用
GetLifetimeService	检索控制此实例的生存期策略的当前生存期服务对象
GetType	获取当前实例的 Type
InitializeLifetimeService	获取控制此实例的生存期策略的生存期服务对象
Peek	返回下一个可用的字符,但不使用它
Read	已重写。读取输入字符串中的下一个字符或下一组字符
ReadBlock	从当前流中读取最大 count 的字符并从 index 开始将该数据写入 buffer
ReadLine	从基础字符串中读取一行
ReadToEnd	将整个流或从流的当前位置到流的结尾作为字符串读取
ReferenceEquals	确定指定的 Object 实例是否是相同的实例
Synchronized	在指定 TextReader 周围创建线程安全包装

6. 文本文件的读操作

【例 7-3】　文本文件的打开、读取。

文本文件原始的内容如图 7-6 所示。

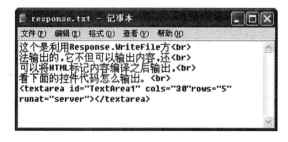

图 7-6　文本文件的内容

页面的初始化代码如下：

```
1.  protected void Page_Load(object sender, EventArgs e)
2.  {
3.      StreamReader ReadFile=File.OpenText(Server.MapPath("response.txt"));
4.      String Str,File_Str="";
5.      while((Str=ReadFile.ReadLine())!=null)
6.      {
7.          File_Str=File_Str+Str;
8.      }
9.      ReadFile.Close();
10.     Response.Write(File_Str);
11. }
```

【代码分析】

- 第3行，定义一个StreamReader对象，调用File类的OpenText()方法打开文本文件进行读取初始化StreamReader对象；
- 第5～8行，循环读取文本文件内容，其中第5行用来判断是不是读到文件最后一行，调用StreamReader对象的ReadLine()方法一行一行地读取；第6行用来将读出来的内容赋给字符串变量；
- 第9行，关闭文件的读取。

运行结果如图7-7所示。

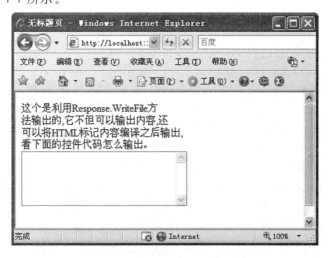

图7-7 文本文件的读取

【提示】

- 注意引入命名空间System.IO和System.Text。
- 因为采用StreamReader对象读取文本文件时，StreamReader的默认编码为UTF-8，为了能正确显示文本文件中的中文字符，在保存文本文件时一定要注意改变其编码方式，默认的编码方式为"ANSI"，若保存为默认编码方式，中文字符在显示时为乱码，因此为了保证中文字符能正常显示，将其编码方式修改为"UTF-8"，在保存文本文件时修改编码方式如图7-8所示。

图 7-8　修改文本文件的编码方式

7. 文本文件的写操作

【**例 7-4**】　文本文件中记录的是网站的浏览量，每访问一次浏览量增加 1。
页面的初始化代码如下：

```
1.  protected void Page_Load(object sender, EventArgs e)
2.  {
3.      StreamReader ReadFile=File.OpenText(Server.MapPath("count.txt"));
4.      String Str;
5.      int Counter;
6.      Str=ReadFile.ReadLine();
7.      Counter=int.Parse(Str);
8.      Counter=Counter+1;
9.      ReadFile.Close();
10.     try
11.     {
12.         StreamWriter WriterFile=File.CreateText(Server.MapPath("count.txt"));
13.         WriterFile.WriteLine(Counter.ToString());
14.         WriterFile.Close();
15.         Response.Write("您是第"+Counter.ToString()+"位浏览者");
16.     }
17.     catch(Exception)
18.     {
19.         Response.Write("文件写入失败,请检查!");
20.     }
21. }
```

【代码分析】
- 第 3～6 行，读取保存网站浏览量的文本文件的内容；
- 第 7～8 行，将读取到的字符转变为整型数据，并加 1，实现网站访问量增加 1；
- 第 10～20 行，写文本文件，其中第 12 行定义一个 StreamWriter 对象并调用 File 对象的 CreateText()方法初始化，第 13 行为写文件，第 14 行为关闭文件。

运行结果如图 7-9 所示。

图 7-9 文本文件的写操作

【提示】
- 在对文本文件进行写操作时，要注意文本文件不能处于打开状态，若出现写操作失败，请修改文本文件的安全属性，即右击文本文件，选择属性中的安全属性；
- 在读文件时，要保证文本文件中的字符为数字，否则在类型转换时会出现异常；
- 在写文件时，若想将内容新增到原来文件的后面，可使用 File.AppendText()方法，在写文件时若有其他要求，请查看 File 类中的方法介绍。

课堂实践

1. 比较 Server 对象的 HtmlDecode 与 HtmlEncode 属性的区别。
2. 比较 Server 对象的 UrlDecode 与 UrlEncode 属性的区别。
3. 利用 StreamReader 对象完成对文本文件的读操作。
4. 利用 StreamWriter 对象将多行文本框中的内容写入到已有内容的文本文件的后面。

任务 7-2　Request 对象

利用 Request 对象可以获取浏览网页上的数据，尤其是由浏览者在 HTML 控件中输入或选择的数据。本节将介绍 Request 对象的主要方法与属性。

7.2.1　取得网页浏览者的机器信息

可以利用 Request 对象取得客户端的机器信息，例如 IP 地址、数据流量及内容类型等，表 7-11 列出了它的常用属性及说明。

表 7-11　　　　　　　　　　Request 对象的常用属性及说明

属　性	说　明
ContentEncoding	取得 Client 端机器所支持的字符编码方式
ContentType	从 Client 端机器取得它所要求的 MIME 数据
FilePath	取得 Client 端下载执行的网页路径,其路径代表服务器端相对地址的路径
HttpMethod	取得 Client 端机器目前处理数据的方式,分为 GET 与 POST 两种方式,GET 方式表示由 Client 端下载数据,而 POST 方式表示由服务器端取得 Client 端的数据
PhysicalApplicationPath	取得 Client 端正在执行的网页路径,其路径代表服务器端的应用根文件夹(RootDirectory)
PhysicalPath	取得 Client 端正在执行的网页路径,其路径代表服务器端的完整实际路径
RawUrl	取得 Client 端正在执行的网页路径,其路径代表服务器上默认的路径
TotalBytes	取得 Client 端机器返回服务器端的数据流量,单位为 Bytes
Url	取得 Client 端正在执行的网页路径,其路径代表服务器端相对地址的完整路径
UserAgent	取得 Client 端浏览器完整信息
UserHostAddress	取得 Client 端机器的 IP 地址
UserHostName	取得 Client 端机器的 DNS 名称

【例 7-5】 利用 Request 对象取得客户端机器的相关信息。

页面的初始化代码如下:

```
1.   protected void Page_Load(object sender, EventArgs e)
2.   {
3.       Response.Write("Client 端的机器 IP 地址:");
4.       Response.Write(Request.UserHostAddress+"<Br>");
5.       Response.Write("数据的取得方法:");
6.       Response.Write(Request.HttpMethod+"<Br>");
7.       Response.Write("返回服务器端的数据流量:");
8.       Response.Write(Request.TotalBytes+"Bytes"+"<Br><Br>");
9.       Response.Write("Client 端支持的字符编码方式:"+"<br>");
10.      Response.Write(Request.ContentEncoding);
11.      Response.Write("<Br>"+"在服务器端默认文件夹的路径:"+"<br>");
12.      Response.Write(Request.PhysicalApplicationPath+"<Br><Br>");
13.      Response.Write("目前所浏览网页在服务器端的相对地址:"+"<br>");
14.      Response.Write(Request.FilePath+"<Br><Br>");
15.      Response.Write("目前所浏览网页在服务器端默认文件夹下的路径:"+"<br>");
16.      Response.Write(Request.RawUrl+"<Br><Br>");
17.      Response.Write("目前所浏览网页在服务器端的完整路径:"+"<br>");
18.      Response.Write(Request.PhysicalPath+"<Br><Br>");
19.      Response.Write("目前所浏览网页在服务器端的完整相对地址:"+"<br>");
20.      Response.Write(Request.Url);
21.  }
```

【代码分析】
- 第 4 行,利用 Request.UserHostAddress 方法取得客户端的 IP 地址;
- 第 12 行,利用 Request.PhysicalApplicationPath 方法取得服务器端默认文件夹的路径。

运行结果如图 7-10 所示。

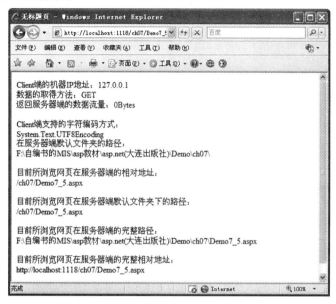

图 7-10　利用 Request 对象取得客户端机器的相关信息

7.2.2　取得目前浏览网页的路径

如何得知网页浏览者目前正在浏览哪一个网页呢？Request 对象提供了 MapPath 方法与 Path 属性,供服务器来了解目前被浏览网页的路径。

利用 Path 属性可让服务器端得知目前被浏览网页的路径(默认浏览文件夹以下的路径),而 MapPath 方法不但可以得知目前网页的完整路径,还可结合一个字符串(这个字符串可以是文件名称),来产生一个新的文件路径。

7.2.3　取得网页浏览者的浏览器信息

除了网页浏览者向服务器端提供信息外,服务器端也能靠 Request 对象中的 Browser 属性,取得网页浏览者的浏览器信息。

若使用了非 Request.Browser 的成员,则会出现错误信息,这表示可以使用 HttpBrowser Capabilities 类中的属性来显示浏览器的各种信息,表 7-12 列出了它的常用属性及说明。

表 7-12　　　　　　　　HttpBrowserCapabilities 类的属性及说明

属　性	说　明
ActiveXControls	判断 Client 端是否支持 ActiveXControls
Aol	判断 Client 端是否为 America Online(Aol)浏览器
Beta	判断 Client 端的浏览器是否为测试版本

(续表)

属　性	说　　明
Browser	返回 Client 端的浏览器名称
Cookies	判断 Client 端是否支持 Cookies 对象
Crawler	判断 Client 端是否为网络搜索引擎
EcmaScriptVersion	返回 Client 端支持 ECMAScripte 的版本
Frames	判断 Client 端是否支持 HTML 框架
JavaApplets	判断 Client 端是否支持 JavaApplets 编程语言
JavaScript	判断 Client 端是否支持 JavaScript 编程语言
Platform	返回 Client 端的浏览器操作平台名称
Tables	判断 Client 端是否支持 HTML 表格
Type	返回 Client 端浏览器名称与版本
VBScript	判断 Client 端是否支持 VBScript 编程语言
Version	返回 Client 端的浏览器版本
Win16	判断 Client 端是否为 16 位的机器
Win32	判断 Client 端是否为 32 位的机器

【例 7-6】 取得网页浏览者的浏览器信息。

页面的初始化代码如下：

```
1.  protected void Page_Load(object sender, EventArgs e)
2.  {
3.      Response.Write("你的浏览器名称与版本为:");
4.      Response.Write(Request.Browser.Type+"<Br>");
5.      Response.Write("你的浏览器所支持 ECMAScript 的版本为:");
6.      Response.Write(Request.Browser.EcmaScriptVersion);
7.      Response.Write("<Br>"+"你的浏览器操作平台为:");
8.      Response.Write(Request.Browser.Platform+"<Br>");
9.      if(Request.Browser.ActiveXControls==True )
10.         Response.Write("你的浏览器支持 ActiveX Controls");
11.     else
12.         Response.Write("你的浏览器不支持 ActiveX Controls");
13.     Response.Write("<Br>");
14.     if(Request.Browser.VBScript==True)
15.         Response.Write("你的浏览器支持 VBScript");
16.     else
17.         Response.Write("你的浏览器不支持 VBScript");
18. }
```

【代码分析】

- 第 4 行，利用 Request.Browser.Type 方法取得浏览器的名称与版本；
- 第 8 行，利用 Request.Browser.Platform 方法取得操作系统的版本；

- 第 9 行,判断浏览器是否支持 ActiveX Controls;
- 第 14 行,判断浏览器是否支持 VBScript 脚本。

运行结果如图 7-11 所示。

图 7-11　取得网页浏览者的浏览器信息

7.2.4　取得服务器端提供的信息

Request 对象有一个 ServerVariables 属性,可以让我们知道服务器端所提供的数据集合,其使用方法为:Request.ServerVariables("关键字")。关键字决定所要表示的服务器端数据,包括浏览器信息、机器的 IP 地址、网页路径等。当需要列出名称内容时,可运用 ASP.NET 中的 NameValueCollection 类,它可返回一个多字符串的集合。

课堂实践

1. 利用 Request 对象获取浏览者机器的相关信息。
2. 利用 Request 对象获取浏览者的浏览器设置的相关信息。
3. 利用 Request 对象获取服务器提供的相关信息。

任务 7-3　Cookie 对象

Cookie 对象是 HttpCookieCollection 类的一个实例,用于保存客户端浏览器请求的服务器页面,也可用于存放非敏感性的用户信息,信息保存时间可以根据用户的需要进行设置。Cookie 存储的数据量受一定的限制,大多数浏览器支持的最大容量为 4096 字节。Cookie、Session 和 Application 对象很类似,也是一种集合对象,都用来保存数据。但 Cookie 和其他对象最大的不同是,Cookie 将数据存放于客户端的磁盘上,而 Application 以及 Session 对象是将数据存放于 Server 端。

7.3.1　Cookie 对象的属性与方法

Cookie 对象的常用属性及说明如表 7-13 所示。

表 7-13　　Cookie 对象的常用属性及说明

属　性	说　明
Comment	获取或设置服务器可添加到 Cookie 中的注释
CommentUri	获取或设置服务器可通过 Cookie 来提供的 URI 注释
Discard	获取或设置由服务器设置的丢弃标志
Domain	获取或设置 Cookie 对其有效的 URI
Expired	获取或设置 Cookie 的当前状态
Expires	获取或设置作为 DateTime 的 Cookie 过期日期和时间
HttpOnly	确定页脚本或其他活动内容是否可访问此 Cookie
Name	获取或设置 Cookie 的名称
Path	获取或设置此 Cookie 适用于的 URI
Port	获取或设置此 Cookie 适用于的 TCP 端口的列表
Secure	获取或设置 Cookie 的安全级别
TimeStamp	获取此 Cookie 作为 DateTime 发出的时间
Value	获取或设置 Cookie 的 Value
Version	获取或设置此 Cookie 符合的 HTTP 状态维护版本

Cookie 对象的常用方法及说明如表 7-14 所示。

表 7-14　　Cookie 对象的常用方法及说明

属　性	说　明
Equals	用于比较两个对象是否相等
GetHashCode	重写 Object.GetHashCode 方法
GetType	获取当前实例的 Type

7.3.2　Cookie 对象的基本操作

Cookie 对象的基本操作主要是写操作与读操作,写操作用 Response.AppendCookie(Cookie 对象名)语句来完成;读操作用 Request.Cookies["Cookie 对象名"]语句来完成。写操作的时候必须要设置 Cookie 对象的有效时间,否则写不成功。

1. Cookie 对象的写操作

【例 7-7】　将 Cookie 对象的值写入到客户端的机器上保存,有效期为 30 天。

页面的初始化代码如下:

```
1.  protected void Page_Load(object sender, EventArgs e)
2.  {
3.      HttpCookie Test_Cookie=new HttpCookie("Test");
4.      Test_Cookie.Value="测试一下 Cookie 的应用";
5.      HttpCookie User_Info_Cookie=new HttpCookie("User_Info");
6.      User_Info_Cookie.Values["IP"]="192.168.0.254";
7.      User_Info_Cookie.Values["Name"]="Cookie 练习";
8.      Response.Cookies.Add(User_Info_Cookie);
9.      Response.Write("cookie 的名称:"+Test_Cookie.Name);
```

```
10.        Response.Write("<br>cookie 的值:"+Test_Cookie.Value);
11.        Response.Write("<br>cookie 集合的值:"+User_Info_Cookie.Value);
12.        Response.Cookies.Get("Test").Expires=DateTime.Now.AddDays(30);
13.        Response.Cookies.Get("IP").Expires=DateTime.Now.AddDays(30);
14.        Response.Cookies.Get("Name").Expires=DateTime.Now.AddDays(30);
15.    }
```

【代码分析】
- 第 3 行,定义 HttpCookie 对象"Test_Cookie",设置 Cookie 的名称为"Test";
- 第 4 行,设置单个 Cookie 的值(Value)为"测试一下 Cookie 的应用";
- 第 5 行,定义 HttpCookie 对象"User_Info_Cookie",设置 Cookie 的名称为"User_Info";
- 第 6~7 行,Values 属性为获取单个 Cookie 对象所包含的键值对的集合,其中第 6 行设置"User_Info_Cookie"对象的"IP"变量的值,第 7 行设置"User_Info_Cookie"对象的"Name"变量的值;
- 第 8 行,添加新的 Cookie 变量;
- 第 12~14 行,设置 Cookie 变量的有效时间,若不设置,Cookie 变量将不能写入客户端。

运行结果如图 7-12 所示。

图 7-12 Cookie 对象的写操作

查看 Cookie 变量写入客户端是否成功的方法是:打开"操作系统所在分区\Documentsand Settings\当前登录系统的用户名\Cookies",在"Cookies"文件夹中找到浏览网址的文本文件,打开此文本文件就可以看到 Cookie 变量及其值(值已经经过处理)。

2. Cookie 对象的读操作

【例 7-8】 用户在登录某网站时,若 Cookie 中保存有此用户名,则将用户名显示到用户名文本框中,若 Cookie 中没有此用户名则将登录用户名与密码写入客户端。

页面的初始化代码(即读 Cookie 对象代码)如下:

```
1.    protected void Page_Load(object sender, EventArgs e)
2.    {
3.        if(Session.IsCookieless==True)
4.        {
5.            Response.Write("<script>alert('你的 Cookies 关闭了,请打开再试')</script>");
6.            Response.End();
7.        }
```

```
8.          else
9.          {
10.             HttpCookie user_cookie=Request.Cookies["user_name"];
11.             if(user_cookie！=null)
12.             {
13.                 this.user_name_txt.Text=user_cookie.Value;
14.             }
15.         }
16. }
```

【代码分析】
- 第3行，判断客户端Cookies是不是打开的；
- 第10行，定义HttpCookie对象，并利用Request对象读Cookie对象，进行初始化；
- 第11行，判断Cookie对象是否为空；
- 第13行，将Cookie变量的值赋给用户名文本框。

【登录】按钮代码（即写Cookie代码）如下：

```
1. protected void login_btn_Click(object sender, EventArgs e)
2. {
3.      HttpCookie user_name_cookie=new HttpCookie("user_name");
4.      HttpCookie pwd_cookie=new HttpCookie("pwd");
5.      user_name_cookie.Value=this.user_name_txt.Text.Trim();
6.      pwd_cookie.Value=this.pwd_txt.Text.Trim();
7.      user_name_cookie.Expires=DateTime.Now.AddDays(30);
8.      pwd_cookie.Expires=DateTime.Now.AddDays(30);
9.      Response.AppendCookie(user_name_cookie);
10.     Response.AppendCookie(pwd_cookie);
11. }
```

【代码分析】
- 第3～4行，定义HttpCookie对象，并指定Cookie对象的名称；
- 第5～6行，给Cookie变量赋值；
- 第9～10行，将Cookie变量写入客户端。

Cookie变量中还没有保存用户名时的运行结果如图7-13所示。

登录之后，再次浏览页面的运行效果如图7-14所示。

图7-13 没有登录之前的运行结果

图7-14 登录之后再次浏览页面效果

课堂实践

1. 将 Cookie 变量写入客户端。
2. 读客户端的 Cookie 变量。
3. 修改登录模块代码,将登录用户名与密码写入客户端的 Cookie。

任务 7-4　使用计数器

网站访问计数器是许多网站用来统计访问量的一种工具,本节将介绍网站访问计数器的实现方法。

7.4.1　设计网站访问计数器页面

打开前面创建的网站"ebook",添加一个 Web 窗体,用于设计网站访问计数器,其页面设计效果如图 7-15 所示。

图 7-15　网站访问计数器页面

7.4.2　实现网站访问计数器

实现网站访问计数器要用到前面曾介绍的 Application 对象、Session 对象和本单元学习的 Server 对象,首先必须要先将统计的次数数据保存到文件中,然后再从文件中读取。这样,即使服务器停止之后重新启动,原先访问统计的次数仍然保留下来,从而实现真正的网站访问计数器。读写文件要用 Server 对象来实现,要实现浏览一次网页计数器就增加 1,需要写一个 Page_Load 事件,计数器增加之后,将新的次数写入文件中,还要写一个 Page_UnLoad 事件。

1. 创建保存次数的文本文件

在项目"ebook"文件夹中创建一个名为 count.txt 的文本文件,输入一个数字"20"。

【提示】:

如果浏览计数器页面中出现无法读取或写入 count.txt 文件,应通过设置该文件的"安全"属性予以解决。

2. 编写 Page 对象 Load 事件过程的程序代码

Page 对象的 Load 事件过程的程序代码如下所示。

```
1.   protected void Page_Load(object sender, EventArgs e)
2.   {
3.       if(Page.IsPostBack==False)
4.       {
5.           StreamReader ReadFile=File.OpenText(Server.MapPath("count.txt"));
6.           StringBuilder OutText=new StringBuilder();
7.           String Str;
8.           while((Str=ReadFile.ReadLine())!=null)
9.           {
10.              Application["count"]=Str;
11.          }
12.          Application.Lock();
13.          Application["count"]=int.Parse(Application["count"].ToString())+1;
14.          Application.UnLock();
15.          ReadFile.Close();
16.          this.labinfo.Text=Application["count"].ToString();
17.      }
18.  }
```

【代码分析】

- 第 5 行,定义一个 StreamReader 对象,调用 File 类的 OpenText()方法打开文本文件进行读取初始化 StreamReader 对象;
- 第 8～11 行,循环读取文本文件内容,其中第 8 行,判断是不是读到文件最后一行,调用 StreamReader 对象的 ReadLine()方法一行一行地读取;第 10 行,将读出来的内容赋给 Application 变量;
- 第 12 行,锁定 Application 变量;
- 第 13 行,Application 变量的值增加 1,即访问量增加 1;
- 第 14 行,Application 变量解锁;
- 第 16 行,利用 Label 的 Text 属性来显示计数器数据。

3. 编写 Page 对象 UnLoad 事件过程的程序代码

Page 对象 UnLoad 事件过程的程序代码如下所示。

```
1.   protected void Page_UnLoad(object sender, EventArgs e)
2.   {
3.       StreamWriter sw=File.CreateText(Server.MapPath("count.txt"));
4.       sw.WriteLine(this.labinfo.Text);
5.       sw.Close();
6.   }
```

【代码分析】

- 第 3 行,定义一个 StreamWriter 对象并调用 File 对象的 CreateText()方法初始化;
- 第 4 行,将显示计数器数据 Label 控件的 Text 属性值写入到文本文件。

网站访问量统计计数器运行结果如图 7-16 所示。

图 7-16　网站访问量统计计数器

课堂实践

设计一个如图 7-17 所示的图形网站计数器。

图 7-17　图形网站计数器

单元小结

本单元主要学习了如下内容：
- Server 对象：利用 Server 对象完成对 HTML 和 URL 进行编码与解码，利用 Server 对象获取操作文件的路径；
- Request 对象：利用 Request 对象获取浏览者相关信息和服务器端的相关信息；
- Cookie 对象：利用 Cookie 对象将相关信息保存到客户端机器上，包括 Cookie 对象的写操作与读操作；
- 利用相关对象实现网站访问量统计计数器。

课外拓展

一、选择题

1. 利用 Request 对象的（　　）方法可以取得目前所浏览的网页在服务器端的相对地址。
A. PhysicalPath　　　　　　　　　B. FilePath
C. PhysicalApplicationPath　　　　D. RawUrl

2. 在 Server 对象方法中，下面（　　）方法可以取得目前网页的实际路径。
A. UrlEncode　　B. Transfer　　C. HtmlDecode　　D. MapPath

3. 下面（　　）选项可以获得客户端的 IP 地址。
A. Request.UserHostName　　　　B. Request.UserHostAddress
C. Request.Url　　　　　　　　　D. Request.FilePath

二、操作题

1. 仿照投票网站，限定一台机器一天只能投一票，完成此功能的程序。
2. 仿照论坛网站，显示当前在线总人数、游客人数及访问者的 IP，完成此功能的程序。

单元 8　图书信息查询模块设计

● 学习目标

【知识目标】

- 掌握 ImageButton 控件的应用
- 了解 GridView 控件的显示形式
- 掌握 GridView 控件的应用
- 熟悉图书信息的查询

【技能目标】

- 会应用 ImageButton 控件
- 能熟练使用 GridView 控件显示数据
- 会设计图书信息查询界面
- 能实现图书信息查询功能

● 学习导航

本单元主要学习内容及在网上书店系统开发中的位置如图 8-1 所示。

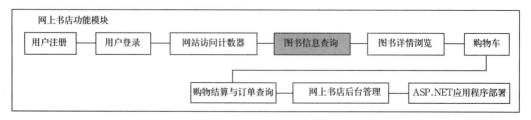

图 8-1　本单元学习导航

【项目展示】

图书信息查询的初始页面如图 8-2 所示。

在图书信息查询页面中单击分页链接"2",该页面中的数据发生了变化,如图 8-3 所示。

在"图书名称"文本框中输入"教程",然后单击【搜索】按钮,搜索的结果如图 8-4 所示。

单元 8　图书信息查询模块设计

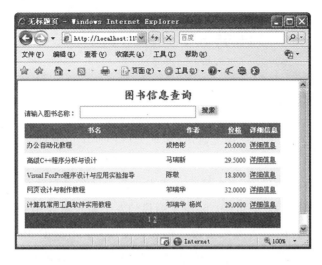

图 8-2　图书信息查询的初始页面

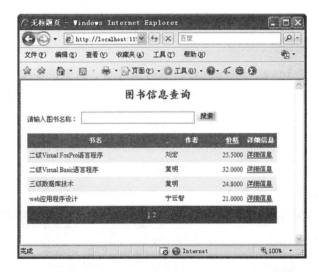

图 8-3　单击分页链接"2"时，图书信息查询页面的浏览效果

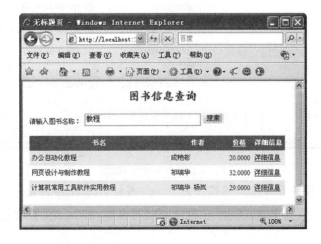

图 8-4　搜索图书名称含有"教程"字符的图书信息

任务 8-1　Web 控件

8.1.1　ImageButton 控件

ImageButton 控件是一个图像命令按钮，用来响应鼠标单击事件。通过设置 ImageUrl 属性来指定在控件中显示的图像。单击 ImageButton 控件时，将同时引发 Click 和 Command 事件。使用 OnClick 事件处理程序，可以通过编程方式确定图像被单击的位置的坐标，然后，根据坐标值编写响应代码。注意原点(0，0)位于图像的左上角。可使用 OnCommand 事件处理程序使 ImageButton 控件的行为类似于命令按钮。使用 CommandName 属性可将命令名与该控件相关联。这一属性允许在同一 Web 页上放置多个 ImageButton 控件，然后可以通过编程方式在 OnCommand 事件处理程序中标识 CommandName 属性的值，以确定在单击每个 ImageButton 控件时应执行的适当操作。还可使用 CommandArgument 属性传递有关命令的附加信息，如指定排列顺序。

默认情况下，在单击 ImageButton 控件时执行页验证。页验证确定与该页上验证控件关联的输入控件是否通过该验证控件指定的验证规则。如果某个 ImageButton 控件（如【重置】按钮）需要禁用此行为，可将 CausesValidation 属性设置为 False。

从工具箱中拖入一个 ImageButton 控件，设置其 ImageUrl 属性，其方法是在"属性"窗口中单击"ImageUrl"属性，打开如图 8-5 所示的"选择图像"对话框，在指定图片的 URL 时，一定要使用相对路径，不要使用绝对路径。

图 8-5　"选择图像"对话框

与 ImageButton 控件非常相似的控件是 Image 控件，Image 控件是一个图形控件，从外表上看两者没有区别，区别是 ImageButton 控件可以写事件，而 Image 控件不能写事件，其他用法一样。

8.1.2 GridView

GridView 控件是 DataGrid 控件的后继控件,GridView 控件用于显示表中的数据。该控件是一个二维的数据网格,用来以表格形式显示数据源的数据和以列为单位设定各列的操作类型。网格中的每一行表示数据源中的一条记录,每一列表示数据源中的一个字段。GridView 控件支持选择、编辑、删除、分页显示和排序等功能。在设计时可以选择自动套用格式、编辑列和编辑模板。GridView 控件在工具箱中的位置如图 8-6 所示,使用时只要将它拖入页面即可。

图 8-6 GridView 控件在工具箱中的位置

1. GridView 控件的常用属性

GridView 控件的常用属性及其说明如表 8-1 所示。

表 8-1　　　　　　　　　　GridView 控件的常用属性及其说明

属　　性	描　　述
AllowPaging	获取或设置一个值,该值指示是否启用分页功能
AllowSorting	获取或设置一个值,该值指示是否启用排序功能
AlternatingRowStyle	获取对 TableItemStyle 对象的引用,使用该对象可以设置 GridView 控件中的交替数据行的外观
BindingContainer	获取包含该控件的数据绑定的控件
BottomPagerRow	获取一个 GridViewRow 对象,该对象表示 GridView 控件中的底部页导航行
Columns	获取表示 GridView 控件中列字段的 DataControlField 对象的集合
Controls	获取复合数据绑定控件内的子控件的集合
CssClass	获取或设置由 Web 服务器控件在客户端呈现的级联样式表(CSS)类
DataKeyNames	获取或设置一个数组,该数组包含了显示在 GridView 控件中的项的主键字段的名称
DataKeys	获取一个 DataKey 对象集合,这些对象表示 GridView 控件中的每一行的数据键值
DataMember	当数据源包含多个不同的数据项列表时,获取或设置数据绑定控件绑定到的数据列表的名称
DataSource	获取或设置对象,数据绑定控件从该对象中检索其数据项列表
DataSourceID	获取或设置控件的 ID,数据绑定控件从该控件中检索其数据项列表
EditIndex	获取或设置要编辑的行的索引
EnableSortingAndPagingCallbacks	获取或设置一个值,该值指示客户端回调是否用于排序和分页操作
EnableTheming	获取或设置一个值,该值指示是否对此控件应用主题
HorizontalAlign	获取或设置 GridView 控件在页面上的水平对齐方式
Page	获取对包含服务器控件的 Page 实例的引用
PageCount	获取在 GridView 控件中显示数据源记录所需的页数
PageIndex	获取或设置当前显示页的索引

(续表)

属　性	描　述
PagerSettings	获取对 PagerSettings 对象的引用,使用该对象可以设置 GridView 控件中的页导航按钮的属性
PagerStyle	获取对 TableItemStyle 对象的引用,使用该对象可以设置 GridView 控件中的页导航行的外观
PagerTemplate	获取或设置 GridView 控件中页导航行的自定义内容
PageSize	获取或设置 GridView 控件在每页上所显示的记录的数目
RowHeaderColumn	获取或设置用作 GridView 控件的列标题的列的名称。提供此属性的目的是使辅助技术设备的用户更易于访问控件
Rows	获取表示 GridView 控件中数据行的 GridViewRow 对象的集合
RowStyle	获取对 TableItemStyle 对象的引用,使用该对象可以设置 GridView 控件中的数据行的外观
SelectedDataKey	获取 DataKey 对象,该对象包含 GridView 控件中选中行的数据键值
SelectedIndex	获取或设置 GridView 控件中的选中行的索引
SkinID	获取或设置要应用于控件的外观
SortDirection	获取正在排序的列的排序方向
SortExpression	获取与正在排序的列关联的排序表达式

下面对几个重要的属性进行说明。

(1) AllowPaging 属性

该属性默认为 False,即不启用分页功能,若要允许分页则将该属性值改为 True。

(2) AllowSorting 属性

该属性默认为 False,即不启用排序功能,若要允许排序则将该属性值改为 True。

(3) DataKeys 属性

当对 GridView 控件数据进行排序、编辑、修改时一定要设置 DataKeys 属性为数据表的关键字段的字段名,否则获取不了数据行的键值。

(4) EditIndex 属性

获取 GridView 控件中要编辑的行的索引,在修改行数据时要用到。

(5) PageIndex 属性

当对 GridView 控件中的数据进行排序时,利用 PageIndex 属性获取显示数据页的索引。

(6) Rows 属性

获取 GridView 控件中数据行的 GridViewRow 对象的集合。

(7) DataSource 属性

GridView 控件必须通过其 DataSource 属性绑定数据源,否则它将无法在页面上呈现出来。GridView 的典型数据源为 DataSet 和 SqlDataReader。可使用工具箱中提供的数据源,如 DataSet 或 DataView 类,也可以使用代码绑定到数据源。数据绑定时,可以为 GridView 控件整体指定一个数据源。网格为数据源中的记录,每条记录显示一行。默认情况下,GridView控件为数据源中的每个字段生成一个绑定列。使用者也可以选取数据源中的某些字段生成网格中的列。

当页面运行时,程序代码必须调用控件的 DataBind 方法以加载带有数据的网格。如果数据被更新了,则需要再次调用该方法以刷新网格。GridView 控件中的数据绑定是单向的,也就是说,数据绑定是只读的。如果要使用网格并允许用户编辑数据,则必须创建自己的程序代码来更新该数据源,更新之后,再次将数据绑定到该数据源。

2. GridView 控件的常用方法

GridView 控件的常用方法及其说明如表 8-2 所示。

表 8-2　　　　　　　　　GridView 控件的常用方法及其说明

方　　法	说　　明
DataBind	将数据源绑定到 GridView 控件
DeleteRow	从数据源中删除位于指定索引位置的记录
Equals	确定两个 Object 实例是否相等
FindControl	在当前的命名容器中搜索指定的服务器控件
GetHashCode	用作特定类型的哈希函数。GetHashCode 适合在哈希算法和数据结构(如哈希表)中使用
GetType	获取当前实例的 Type
HasControls	确定服务器控件是否包含任何子控件
IsBindableType	确定指定的数据类型是否能绑定到 GridView 控件中的列
Sort	根据指定的排序表达式和方向对 GridView 控件进行排序
ToString	返回表示当前 Object 的 String
UpdateRow	使用行的字段值更新位于指定行索引位置的记录

下面对几个重要的方法进行说明。

(1) DataBind 方法

将得到的数据源绑定到 GridView 控件,也就是利用 GridView 控件显示数据源中的数据。在程序中具体使用的语句如下:

this.GridView1.DataBind();

(2) FindControl 方法

使用该方法可以获取绑定在模板中的控件。

3. GridView 控件的常用事件

GridView 控件的常用事件及其说明如表 8-3 所示。

表 8-3　　　　　　　　　GridView 控件的常用事件及其说明

事　　件	说　　明
DataBinding	当服务器控件绑定到数据源时发生
DataBound	在服务器控件绑定到数据源后发生
PageIndexChanged	在单击某一页导航按钮时,但在 GridView 控件处理分页操作之后发生
PageIndexChanging	在单击某一页导航按钮时,但在 GridView 控件处理分页操作之前发生
PreRender	在加载 Control 对象之后、呈现之前发生
RowCancelingEdit	单击编辑模式中某一行的"取消"按钮以后,在该行退出编辑模式之前发生
RowCommand	当单击 GridView 控件中的按钮时发生
RowCreated	在 GridView 控件中创建行时发生

（续表）

事件	说明
RowDataBound	在 GridView 控件中将数据行绑定到数据时发生
RowDeleted	在单击某一行的【删除】按钮时，但在 GridView 控件删除该行之后发生
RowDeleting	在单击某一行的【删除】按钮时，但在 GridView 控件删除该行之前发生
RowEditing	发生在单击某一行的【编辑】按钮以后，GridView 控件进入编辑模式之前
RowUpdated	发生在单击某一行的【更新】按钮，并且 GridView 控件对该行进行更新之后
RowUpdating	发生在单击某一行的【更新】按钮以后，GridView 控件对该行进行更新之前
SelectedIndexChanged	发生在单击某一行的【选择】按钮，GridView 控件对相应的选择操作进行处理之后
SelectedIndexChanging	发生在单击某一行的【选择】按钮以后，GridView 控件对相应的选择操作进行处理之前
Sorted	在单击用于列排序的超链接时，在 GridView 控件对相应的排序操作进行处理之后发生
Sorting	在单击用于列排序的超链接时，在 GridView 控件对相应的排序操作进行处理之前发生

4. GridView 控件的分页与排序功能

GridView 控件支持多种事件。ItemCreated 事件提供一种自定义方法创建过程的方法；响应网格中的按钮或 LinkButton 单击而引发的事件有：EditCommand 事件、DeleteCommand 事件、UpdateCommand 事件和 CancelCommand 事件；利用 GridView 控件进行分页与排序用到的事件有：Sorting 事件和 PageIndexChanging 事件。

当利用一些搜索引擎搜索内容时，其下方有一排数据，它用来告诉用户搜索出的满足条件的内容有多少页，这些数据就像页码一样，可以利用 GridView 控件来实现这种功能。

如果只设置属性，GridView 控件还不具有分页功能，要真正实现分页还得通过事件来驱动，需要编写 GridView 控件分页事件。

GridView 控件除了可以分页外，还可以进行排序。首先，需要将 GridView 控件中的 AllowSorting 属性设为 True，并将 SortCommand 方法设置好。经过设置后，在 GridView 中的数据标题会自动加上链接下划线，此时只需要单击要排序的字段即可触发指定的排序程序。

然而 GridView 控件本身并不具有排序的能力，同样需要编写 Sorting（排序）事件。

任务 8-2 图书信息查询页面设计

8.2.1 设计图书信息查询页面

作为网上书店的项目，图书信息查询是必不可少的一个模块，它可以更方便地为用户快速找到自己想要的书。接下来就介绍图书信息查询页面的设计。

图书信息查询页面的设计步骤如下：

(1) 打开"ebook"网站。

（2）右击"解决方案资源管理器"中的项目名"ebook"，打开快捷菜单，然后选择"添加新项"选项，打开"添加新项"对话框。

（3）在"模板"列表中选择"Web 窗体"，在"名称"文本框中输入页面名"book_search.aspx"，单击【添加】按钮就在项目中添加了一个新的窗体。

（4）设计图书信息页面，在 book_search.aspx 页面上添加 1 个表格，在表格中添加 1 个 Label 控件、1 个 TextBox 控件、1 个 ImageButton 控件和 1 个 GridView 控件，最终设计效果如图 8-7 所示。

图 8-7　图书信息查询页面的设计效果

在图书信息查询页面中各控件属性设置如表 8-4 所示。

表 8-4　　　　　　　　图书信息查询页面的控件及其属性设置

控件类型	控件名	属　　性	方法/备注
TextBox 控件	book_name_txt	ID：book_name_txt	图书名
		TextMode：SingleLine	TextMode 表示文本框为单行、多行还是密码框
		TabIndex：1	TabIndex 表示按 Tab 键的索引
ImageButton 控件	btn_Register	ID：btn_Register	注册
		Text：注册	Click 方法
		TabIndex：15	
Label 控件	Label1	ID：Label1	
		Text：图书信息查询	
		SkinID：font_XXLarge	font_XXLarge 是一个主题
GridView 控件	GridView1	AllowPaging：True	
		AllowSorting：True	
		PageSize：5	
		OnPageIndexChanging：GridView1_PageIndexChanging	分页事件
		OnSorting：GridView1_Sorting	排序事件

1. GridView 控件的 HTML 代码的编写

GridView 控件的 HTML 代码如下所示。

```
<asp:GridView ID="GridView1" runat="server" AllowPaging="True" AllowSorting="True" CellPadding
="4" OnPageIndexChanging="GridView1_PageIndexChanging" OnSorting="GridView1_Sorting" PageSize
="5" AutoGenerateColumns="False" ForeColor="#333333" GridLines="None">
    <FooterStyle BackColor="#507CD1" ForeColor="White" Font-Bold="True" />
    <RowStyle BackColor="#EFF3FB" />
    <SelectedRowStyle BackColor="#D1DDF1" Font-Bold="True" ForeColor="#333333" />
    <PagerStyle BackColor="#2461BF" ForeColor="White" HorizontalAlign="Center" />
    <HeaderStyle BackColor="#507CD1" Font-Bold="True" ForeColor="White" />
    <Columns>
        <asp:BoundField DataField="图书名" HeaderText="书名">
            <ItemStyle Width="250px" />
        </asp:BoundField>
        <asp:BoundField DataField="作者" HeaderText="作者">
            <ItemStyle Width="100px" />
        </asp:BoundField>
        <asp:BoundField DataField="价格" HeaderText="价格" SortExpression="价格" />
        <asp:HyperLinkField HeaderText="详细信息" Text="详细信息" DataNavigateUrlFields="图
书编号" DataNavigateUrlFormatString="bookdetails.aspx?bookid={0}"/>
    </Columns>
    <EditRowStyle BackColor="#2461BF" />
    <AlternatingRowStyle BackColor="White" />
</asp:GridView>
```

2. GridView 控件的格式设置

为了让数据显示界面美观，还需要设置 GridView 控件的格式，其设置步骤如下：

(1) 单击 GridView 控件右上角的 ▶ 按钮，打开如图 8-8 所示的"GridView 任务"窗口。

(2) 单击"自动套用格式"选项，打开"自动套用格式"对话框，如图 8-9 所示。

图 8-8 "GridView 任务"窗口

图 8-9 "自动套用格式"对话框

(3) 选择想要的格式方案，单击【确定】按钮就设置好了。

3. GridView 控件数据列的绑定

通过 GridView 控件显示数据，可以使用其"自动生成字段"功能绑定数据列，也可以根据自己的需要从数据集中筛选出要绑定的数据列，这里主要介绍根据需要绑定数据列。其操作步骤如下：

(1)单击 GridView 控件右上角的▶按钮，打开"GridView 任务"窗口。

(2)在"GridView 任务"窗口中单击"编辑列"选项，打开"字段"对话框，如图 8-10 所示。

图 8-10　GridView 编辑列时打开的"字段"对话框

(3)在"可用字段"列表中选择"BoundField"，单击【添加】按钮，将可用字段添加到"选定的字段"列表中，将"自动生成字段"复选框取消选定，如图 8-11 所示。

图 8-11　GridView 编辑列时添加选定字段

(4)对选定的字段进行编辑，注意设置其"DataField"属性、"HeaderText"属性和"ItemStyle"属性中的"Width"属性，其中"DataField"属性是设置要绑定的字段名，其值设置为数据集中的某一字段名，"HeaderText"属性是设置显示数据时的表头行名称(列标题)，"Width"属性是设置该数据列所占的宽度。其数据列绑定最终效果如图 8-12 所示。

(5)编辑超链接列，在"可用字段"列表中选择"HyperLinkField"，单击【添加】按钮，将可用字段添加到"选定的字段"列表中，在超链接列中设置其"HeaderText"属性为"详细信息"，"Text"属性值为"详细信息"，"DataNavigateUrlFields"属性为绑定到超链接需要传递参数时

图 8-12 GridView 数据列绑定最终效果

要用到的数据字段名,其值为"图书编号","DataNavigateUrlFormatString"属性为设置绑定到超链接时所要使用的格式,其值为"bookdetails.aspx?bookid={0}","bookdetails.aspx"为图书信息详细页面(在后面介绍)。超链接列属性设置效果如图 8-13 所示。

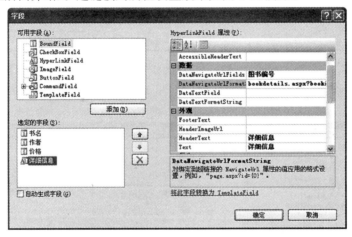

图 8-13 超链接列属性设置效果

(6)编辑列完成后,单击【确定】按钮。

8.2.2 利用 GridView 控件输出后台数据库中的图书信息

若要使 GridView 控件在浏览页面加载时就显示数据,需要将绑定数据的代码写在 Page_Load 事件过程中。打开 Web 页面 book_search 的"设计"视图,然后双击页面任何一个空白的位置打开代码编辑窗口,在代码编辑窗口中输入以下程序代码。

```
1.  public partial class book_search : System.Web.UI.Page
2.  {
3.      String SqlStr;
4.      DB db=new DB();
5.      DataSet Ds=new DataSet();
6.      protected void Page_Load(object sender, EventArgs e)
7.      {
```

```
8.          SqlStr="select * from 图书表";
9.          Ds=db.GetDataTableBySql(SqlStr);
10.         try
11.         {
12.             if(Ds.Tables[0].Rows.Count!=0)
13.             {
14.                 this.GridView1.DataSource=Ds.Tables[0].DefaultView;
15.                 this.GridView1.DataBind();
16.             }
17.         }
18.         catch(Exception)
19.         {
20.             Response.Write("<script>alert('没有获得任何数据,请检查!')</script>");
21.         }
22.     }
23. }
```

【代码分析】
- 第3~5行:定义窗体级变量;
- 第9行:调用数据访问类中的GetDataTableBySql()方法,返回数据集;
- 第14行:指定GridView控件的数据源;
- 第15行:GridView控件进行数据绑定。

运行结果如图8-14所示。

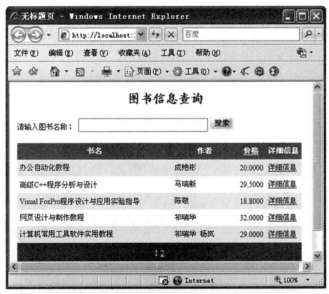

图8-14 图书信息查询页面

课堂实践

1. 打开OnlineShop网站,添加一个新的Web窗体"commodity.aspx"。
2. 仿照国美电器网站设计一个商品信息查询页面。
3. 利用GridView控件显示商品信息。

任务 8-3　实现图书信息查询功能

8.3.1　实现图书信息查询功能

根据输入的图书名称查询图书信息,这里主要进行模糊查询,也就是说只输入书名的一部分也能查询出图书信息,【搜索】按钮 Click 事件过程的代码如下:

```
1.  protected void search_img_btn_Click(object sender, ImageClickEventArgs e)
2.  {
3.      SqlStr = "select * from 图书表 where 图书名 like '%" + this.book_name_txt.Text + "%'";
4.      Ds = db.GetDataTableBySql(SqlStr);
5.      try
6.      {
7.          if(Ds.Tables[0].Rows.Count != 0)
8.          {
9.              this.GridView1.DataSource = Ds.Tables[0].DefaultView;
10.             this.GridView1.DataBind();
11.         }
12.     }
13.     catch(Exception)
14.     {
15.         Response.Write("<script>alert('没有获得任何数据,请检查!')</script>");
16.     }
17. }
```

【代码分析】
- 第 3 行:定义查询语句,该语句可以实现模糊查询;
- 第 4 行:调用数据访问类中的 GetDataTableBySql() 方法,返回数据集;
- 第 9 行:指定 GridView 控件的数据源;
- 第 10 行:GridView 控件进行数据绑定。

在"请输入图书名称"文本框中输入"教程",查询结果如图 8-15 所示。

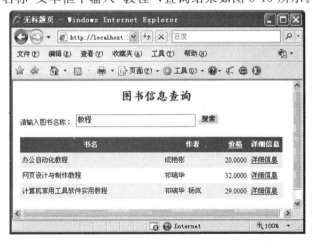

图 8-15　图书信息查询结果

8.3.2 利用 GridView 控件的分页功能实现分页

利用 GridView 控件显示数据是其最基本的功能,它还可以进行分页,首先将 GridView 控件的"AllowPaging"属性设置为 True,"PageSize"属性设置为 5,这些属性设置完以后,GridView 控件就可以显示分页的形式,但不能真正实现分页,要实现分页功能还需要编写其 PageIndexChanging 事件。选择 GridView 控件,在"属性"窗口中单击中【事件】按钮,打开事件列表,找到 PageIndexChanging 事件双击,在代码编辑窗口中编写其代码如下:

```
1.  protected void GridView1_PageIndexChanging(object sender, GridViewPageEventArgs e)
2.  {
3.      if(this.book_name_txt.Text=="")
4.      {
5.          SqlStr="select * from 图书表";
6.          Ds=db.GetDataTableBySql(SqlStr);
7.          try
8.          {
9.              if(Ds.Tables[0].Rows.Count!=0)
10.             {
11.                 this.GridView1.DataSource=Ds.Tables[0].DefaultView;
12.                 this.GridView1.PageIndex=e.NewPageIndex;
13.                 this.GridView1.DataBind();
14.             }
15.         }
16.         catch(Exception)
17.         {
18.             Response.Write("<script>alert('没有获得任何数据,请检查!')</script>");
19.         }
20.     }
21.     else
22.     {
23.         SqlStr="select * from 图书表 where 图书名 like '%"+this.book_name_txt.Text.ToString().Trim()+"%'";
24.         Ds=db.GetDataTableBySql(SqlStr);
25.         try
26.         {
27.             if(Ds.Tables[0].Rows.Count!=0)
28.             {
29.                 this.GridView1.DataSource=Ds.Tables[0].DefaultView;
30.                 this.GridView1.PageIndex=e.NewPageIndex;
31.                 this.GridView1.DataBind();
32.             }
33.         }
34.         catch(Exception)
```

```
35.            {
36.                Response.Write("<script>alert('没有获得任何数据,请检查!')</script>");
37.            }
38.        }
39. }
```

【代码分析】
- 第 3 行:判断图书名称文本框中是否输入了查询的字符;
- 第 4~20 行:当图书名称文本框为空时的处理程序段,其中第 12 行中利用 GridView 控件的 PageIndex 属性设置其当前显示页的索引,通过 e.NewPageIndex 获取要在 GridView 控件中显示的新页的索引;
- 第 23 行:定义条件查询语句,Trim()是为了去掉输入图书名前后的空格。

图书信息查询页面初始浏览效果如图 8-16 所示。

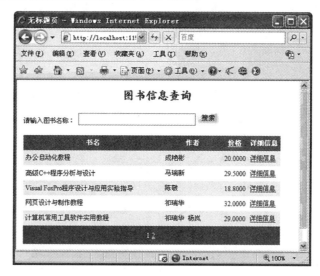

图 8-16　图书信息查询页面的初始浏览效果

单击分页链接"2"之后的结果如图 8-17 所示。

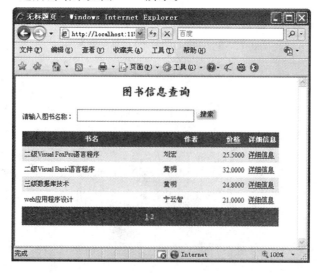

图 8-17　图书信息查询页面中单击分页链接"2"之后的效果

8.3.3 利用 GridView 控件的排序功能实现数据排序

GridView 控件除了可以分页还可以实现排序功能,将 DataGrid 控件中的 AllowSorting 属性设为 True,编写完成其 Sorting 事件就可以实现排序。

在编写 Sorting 事件之前,首先在 GridView 控件数据列的"字段"对话框中设定要排序的表达式,如在图书信息查询页面中对价格实现排序,在"选定的字段"列表中选中"价格"字段,设置其"SortExpression"属性的值,其设置结果如图 8-18 所示。

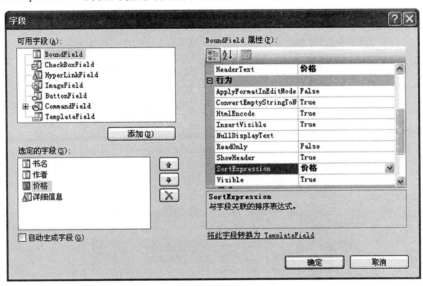

图 8-18 设置"SortExpression"属性

编写 Sorting 事件,其程序代码如下:

```
1.  protected void GridView1_Sorting(object sender, GridViewSortEventArgs e)
2.  {
3.      if(this.book_name_txt.Text=="")
4.      {
5.          SqlStr="select * from 图书表";
6.          Ds=db.GetDataTableBySql(SqlStr);
7.          try
8.          {
9.              if(Ds.Tables[0].Rows.Count!=0)
10.             {
11.                 DataTable Dtemp=new DataTable();
12.                 Dtemp=Ds.Tables[0];
13.                 Dtemp.DefaultView.Sort=e.SortExpression;
14.                 this.GridView1.DataSource=Dtemp;
15.                 this.GridView1.DataBind();
16.             }
```

```
17.        }
18.        catch(Exception)
19.        {
20.            Response.Write("<script>alert('没有获得任何数据,请检查!')</script>");
21.        }
22.    }
23.    else
24.    {
25.        SqlStr="select * from 图书表 where 图书名 like '%"+this.book_name_txt.Text.ToString().Trim()+"%'";
26.        Ds=db.GetDataTableBySql(SqlStr);
27.        try
28.        {
29.            if(Ds.Tables[0].Rows.Count!=0)
30.            {
31.                DataTable Dtemp=new DataTable();
32.                Dtemp=Ds.Tables[0];
33.                Dtemp.DefaultView.Sort=e.SortExpression;
34.                this.GridView1.DataSource=Dtemp;
35.                this.GridView1.DataBind();
36.            }
37.        }
38.        catch(Exception)
39.        {
40.            Response.Write("<script>alert('没有获得任何数据,请检查!')</script>");
41.        }
42.    }
43. }
```

【代码分析】

- 第3行:判断图书名称文本框中是否输入了查询的字符;
- 第4~22行:当图书名称文本框为空时的处理程序段;
- 第11行:定义一个 DataTable 对象;
- 第12行:将 DataTable 对象赋值;
- 第13行:利用 DataTable 对象的 DefaultView.Sort 属性设置其排序表达式,通过 e.SortExpression获取用于对 GridView 控件中的项进行排序的表达式;
- 第24~42行:当图书名文本框不为空时的处理程序段。

初始运行结果如图8-19所示。

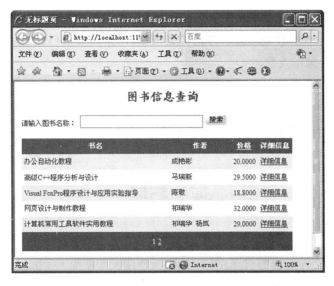

图 8-19　没有单击排序字段之前的结果

单击"价格"字段之后的结果如图 8-20 所示。

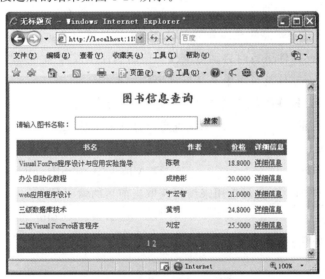

图 8-20　单击"排序"字段之后的结果

课堂实践

1. 打开 OnlineShop 网站,完成"commodity.aspx"页面上的商品搜索功能。
2. 利用 GridView 控件的分页功能实现对商品数据分页。
3. 利用 GridView 控件的排序功能实现对商品数据排序。

单元小结

本单元主要学习了如下内容:
- ImageButton 控件:ImageButton 控件是一个图像命令按钮,用来响应鼠标单击事件;

- GridView 控件：GridView 控件是 DataGrid 控件的后继控件，GridView 控件用于显示表中的数据。GridView 控件是一个二维的数据网格，用来以表格形式显示数据源的数据和以列为单位设定各列的操作类型；
- GridView 控件数据列的绑定；
- 利用 GridView 控件显示数据；
- 利用 GridView 控件的分页功能实现分页；
- 利用 GridView 控件的排序功能实现数据排序。

课外拓展

一、选择题

1. 要使 GridView 控件能够排序，要将下面（　　）属性改为 True。
   A. AutoGenerateColumns　　　　　B. AllowPaging
   C. AllowSorting　　　　　　　　　D. ShowHeader

2. 下面的描述中正确的是（　　）。
   A. 只要设置 GridView 控件允许分页，GridView 控件就有分页功能了
   B. 使用 GridView 控件运行时自动生成列与使用属性生成器绑定列两者完全相同
   C. 双击 GridView 控件就可以编写其排序事件
   D. 利用 GridView 控件的超链接列可以起超链接作用

3. GridView 控件的（　　）属性用来设置是否打开分页功能。
   A. AllowPaging　　　　　　　　　B. AutoGenerateColumns
   C. CurrentPageIndex　　　　　　 D. AlloewCustomPaging

4. GridView 控件的（　　）属性用来设置获取当前页的索引号。
   A. AlloPaging　　　　　　　　　　B. AutoGenerateColumns
   C. CurrentPageIndex　　　　　　 D. AlloewCustomPaging

二、操作题

1. 仿照国美电器网站，完成商品信息展示功能。
2. 仿照国美电器网站，完成商品分类功能。

单元 9　图书详情浏览模块设计

● 学习目标

【知识目标】

■ 了解 HyperLink 控件
■ 掌握 DataList 控件的应用
■ 掌握 Repeater 控件的应用
■ 熟练使用数据显示控件显示数据
■ 掌握用户自定义控件的应用

【技能目标】

■ 能使用 DataList 控件显示数据
■ 能使用 Repeater 控件显示数据
■ 会定义用户自定义控件及使用
■ 能实现图书展示功能

● 学习导航

本单元主要学习内容及在网上书店系统开发中的位置如图 9-1 所示。

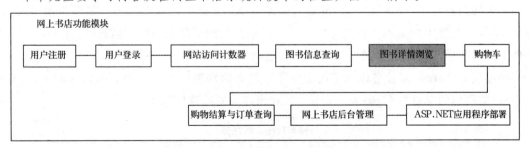

图 9-1　本单元学习导航

【项目展示】

图书信息展示如图 9-2 所示。

单击图书信息展示页面上的"计算机常用工具软件实用教程"图书名,该图书的详细信息如图 9-3 所示。

图 9-2　图书信息展示

图 9-3　图书详细信息

任务 9-1　Web 控件

9.1.1　HyperLink 控件

HyperLink 控件用来在页上创建一个可以切换到其他页或位置的链接。使用 NavigateUrl 属性指定要链接到的页或位置。链接既可显示为文本也可显示为图像,若要显示文本,则设置 Text 属性或将文本放置在 HyperLink 控件的开始和结束标记之间;若要显示图像,则设置 ImageUrl 属性。

如果同时设置了 Text 属性和 ImageUrl 属性,则 ImageUrl 属性优先。如果图像不可用,则显示 Text 属性中的文本。在支持"工具提示"功能的浏览器上,将鼠标指针放在 HyperLink 控件上时将显示 Text 属性的值。

通过设置 Target 属性可以指定用于显示链接页的框架或窗口。值必须以 a 到 z(不区分大小写)范围内的字母打头,但表 9-1 中以下划线打头的特殊值除外。

表 9-1　特殊 Target 属性值

特殊的 Target 属性值	说　明
_blank	在没有框架的新窗口中显示链接页
_parent	在直接框架集父级中显示链接页
_self	在具有焦点的框架中显示链接页
_top	在没有框架的窗口中显示链接页

【例 9-1】　HyperLink 控件的应用。

操作步骤:
(1)新建网站"ch09"。
(2)在"ch09"中添加一个新的窗体,命名为"Demo9_1.aspx"。
(3)设计页面。HyperLink 控件应用案例的设计页面如图 9-4 所示。在页面上添加 4 个 HyperLink 控件作为导航,其 Text 属性分别设置为"首页"、"图书查询"、"购物车"、"订单查询",其中对"首页"控件的 NavigateUrl 属性设置为"Default.aspx",其他的控件暂时不设置。

图 9-4 HyperLink 控件应用页面

运行结果如图 9-5 所示。

图 9-5 HyperLink 控件应用效果

从运行结果可以看出,只有"首页"有链接效果,其他控件则没有,单击"首页"就可以打开"Default.aspx"页面。

9.1.2 DataList 控件

DataList 控件是 Web 服务器控件中的一个基本容器控件,用来以自定义格式显示 Web 页中任何数据源的数据。这种格式可以使用模板和样式来定义,如果在定义模板时使用了按钮等交互控件,则可以在显示数据的同时控制对数据源的操作功能(如查询、修改、添加、删除),这样就构成了一个能够对数据源进行交互操作的界面。

DataList 控件在工具箱的位置如图 9-6 所示。

1. DataList 控件的常用属性

DataList 控件的常用属性及其说明如表 9-2 所示。

图 9-6 DataList 控件在工具箱中的位置

表 9-2　　DataList 控件的常用属性及说明

属　性	说　明
AlternatingItemStyle	获取 DataList 控件中交替项的样式属性
AlternatingItemTemplate	获取或设置 DataList 中交替项的模板
Controls	获取 System.Web.UI.ControlCollection 对象,它包含数据列表控件中的子控件的集合
DataKeyField	获取或设置由 DataSource 属性指定的数据源中的键字段
DataKeys	获取 DataKeyCollection 对象,它存储数据列表控件中每个记录的键值

(续表)

属　性	说　明
DataMember	获取或设置多成员数据源中要绑定到数据列表控件的特定数据成员
DataSource	获取或设置源，该源包含用于填充控件中的项的值列表
DataSourceID	获取或设置数据源控件的 ID 属性，数据列表控件应使用它来检索其数据源
EditItemIndex	获取或设置 DataList 控件中要编辑的选定项的索引号
EditItemStyle	获取 DataList 控件中为进行编辑而选定的项的样式属性
EditItemTemplate	获取或设置 DataList 控件中为进行编辑而选定的项的模板
FooterStyle	获取 DataList 控件的脚注部分的样式属性
FooterTemplate	获取或设置 DataList 控件的脚注部分的模板
GridLines	当 RepeatLayout 属性设置为 RepeatLayout.Table 时，获取或设置 DataList 控件的网格线样式
HeaderStyle	获取 DataList 控件的标题部分的样式属性
HeaderTemplate	获取或设置 DataList 控件的标题部分的模板
HorizontalAlign	获取或设置数据列表控件在其容器内的水平对齐方式（从 BaseDataList 继承）
Items	获取表示控件内单独项的 DataListItem 对象的集合
ItemStyle	获取 DataList 控件中项的样式属性
ItemTemplate	获取或设置 DataList 控件中项的模板
RepeatColumns	获取或设置要在 DataList 控件中显示的列数
RepeatDirection	获取或设置 DataList 控件是垂直显示还是水平显示
RepeatLayout	获取或设置控件是在表中显示还是在流布局中显示
SelectedIndex	获取或设置 DataList 控件中的选定项的索引
SelectedItem	获取 DataList 控件中的选定项
SelectedItemStyle	获取 DataList 控件中选定项的样式属性
SelectedItemTemplate	获取或设置 DataList 控件中选定项的模板
SelectedValue	获取所选择的数据列表项的键字段的值
SeparatorStyle	获取 DataList 控件中各项间分隔符的样式属性
SeparatorTemplate	获取或设置 DataList 控件中各项间分隔符的模板
ShowFooter	获取或设置一个值，该值指示是否在 DataList 控件中显示脚注部分
ShowHeader	获取或设置一个值，该值指示是否在 DataList 控件中显示页眉节
TemplateControl	获取或设置对包含该控件的模板的引用（从 Control 继承）

下面对几个重要属性进行说明。

(1)DataKeyField 属性

DataKeyField 属性用来获取或设置由 DataSource 属性指定的数据源中的键字段。当对 DataList 控件数据进行排序、编辑、修改时一定要设置 DataKeyField 属性为数据表的关键字段的字段名，否则获取不了数据行的键值。

(2)RepeatColumns 属性

RepeatColumns 属性用来获取或设置要在 DataList 控件中显示的列数，设置此属性可以控制一行显示多少条记录的信息。

(3) RepeatDirection 属性

RepeatDirection 属性用来获取或设置 DataList 控件是垂直显示还是水平显示。此属性的值有两个,分别为 Horizontal 和 Vertical,若属性值设置为 Horizontal,数据则以水平形式显示,若设置为 Vertical,数据则以垂直形式显示,默认值为 Horizontal。

2. DataList 控件的模板

DataList 控件没有预先定义好的固有显示外观和布局,只有可用于自定义显示格式的可编辑模板。所以,使用该控件显示数据时,主要的工作是设计和编辑模板,以便提供一个灵活有效的显示布局。如果未定义模板或模板中没有要显示的数据元素,则在页面运行时,此控件不显示在页上。DataList 控件的模板描述如表 9-3 所示。

表 9-3   DataList 控件的模板描述

模板属性	描述
ItemTemplate	数据项模板,包含一些 HTML 元素和控件,将为数据源中的每一行呈现一次这些 HTML 元素和控件,此模板必不可少
AlternatingItemTemplate	交替显示模板,包含一些 HTML 元素和控件,将为数据源中的每两行呈现一次这些 HTML 元素和控件。通常,可以使用此模板来为交替行创建不同的外观,例如指定一个与在 ItemTemplate 属性中指定的颜色不同的背景色
SelectedItemTemplate	选择数据显示格式模板,包含一些元素,当用户选择 DataList 控件中的某一项时将呈现这些元素。通常,可以使用此模板来通过不同的背景色或字体颜色直观地区分选定的行。还可以通过显示数据源中的其他字段来展开该项
EditItemTemplate	编辑模式模板,指定当某项处于编辑模式中时的布局。此模板通常包含一些编辑控件,如 TextBox 控件
HeaderTemplate	头模板,包含在列表的开始处呈现的文本和控件
FooterTemplate	尾模板,包含在列表的结束处呈现的文本和控件
SeparatorTemplate	分隔条模板,包含在每项之间呈现的元素。典型的示例可能是一条直线

每个模板都有自己的样式属性。例如,EditItemTemplate 的样式可通过 EditItemStyle 属性设置。

DataList 控件的方法与前一章介绍的 GridView 控件的方法基本相似,这里就不再一一讲述了,下面来看一下 DataList 控件的简单应用。

【例 9-2】 利用 DataList 控件显示数据。

分析:如果还是以表格形式显示数据,使用 DataList 控件就没有使用 GridView 控件那么方便,除了要在 Page_Load 事件中编写程序绑定数据,还需要编辑 DataList 控件的数据项模板,完成此案例的操作步骤如下:

(1)打开网站"ch09"。

(2)添加一个新的窗体命名为"Demo9_2.aspx",并完成窗体的设计。

(3)添加一个新类"DB.cs",DB 类就是前面介绍的数据操作类,按照前面所学完成此类的编辑(见第 6.5 节)。

(4)修改 Web.config 文件,按照前面所学知识在 Web.config 文件中定义数据库连接字符串(见第 6.5 节)。

(5)编写 Page_Load 事件。
(6)编辑 DataList 控件的数据项模板。

Page_Load 事件的程序代码如下：

```
1.   public partial class Demo9_2 : System.Web.UI.Page
2.   {
3.       String SqlStr;
4.       DataSet Ds=new DataSet();
5.       DB db=new DB();
6.       protected void Page_Load(object sender,EventArgs e)
7.       {
8.           SqlStr="select * from 图书表";
9.           Ds=db.GetDataTableBySql(SqlStr);
10.          try
11.          {
12.              if(Ds.Tables[0].Rows.Count!=0)
13.              {
14.                  this.DataList1.DataSource=Ds.Tables[0].DefaultView;
15.                  this.DataList1.DataBind();
16.              }
17.          }
18.          catch(Exception)
19.          {
20.              Response.Write("<script>alert('没有获得任何数据,请检查!')</script>");
21.          }
22.      }
23.  }
```

【代码分析】
- 第 8 行：定义查询语句,该语句可以实现模糊查询；
- 第 9 行：调用数据访问类中的 GetDataTableBySql()方法,返回数据集；
- 第 14 行：指定 DataList 控件的数据源；
- 第 15 行：DataList 控件进行数据绑定。

DataList 控件的 HTML 代码如下：

```
<asp:DataList ID="DataList1" runat="server" RepeatColumns="2">
    <ItemTemplate>
        <%# DataBinder.Eval(Container.DataItem,"图书名") %>
    </ItemTemplate>
</asp:DataList>
```

在 DataList 控件的 HTML 代码中定义数据项模板,其他的模板在后面的内容中再介绍,如果在 DataList 控件中不定义数据项模板将不会显示数据。语句"<%# DataBinder.Eval(Container.DataItem,"图书名") %>"为在数据项模板中绑定相应的数据。

运行结果如图 9-7 所示。

图 9-7 利用 DataList 控件显示数据

3. DataList 控件的事件

DataList 控件的事件及其说明如表 9-4 所示。

表 9-4　　　　　　　　DataList 控件的事件及说明

事　件	说　明
CancelCommand	对 DataList 控件中的某个项单击【Cancel】按钮时发生
DeleteCommand	对 DataList 控件中的某个项单击【Delete】按钮时发生
EditCommand	对 DataList 控件中的某个项单击【Edit】按钮时发生
ItemCommand	当单击 DataList 控件中的任一按钮时发生
ItemCreated	当在 DataList 控件中创建项时在服务器上发生
ItemDataBound	当项被数据绑定到 DataList 控件时发生
Load	当服务器控件加载到 Page 对象中时发生
SelectedIndexChanged	在两次服务器发送之间,在数据列表控件中选择了不同的项时发生
UnLoad	当服务器控件从内存中卸载时发生
UpdateCommand	对 DataList 控件中的某个项单击【Update】按钮时发生

下面对几个比较重要的事件进行详细介绍。

(1)CancelCommand 事件

该事件是对 DataList 控件中的某个项,单击【Cancel】按钮时发生的。事件语法如下:

```
protected void DataList1_CancelCommand(object source,DataListCommandEventArgs e)
{
}
```

(2)DeleteCommand 事件

该事件是对 DataList 控件中的某个项单击【Delete】按钮时发生。事件语法如下:

```
protected void DataList1_DeleteCommand(object source,DataListCommandEventArgs e)
{
}
```

(3)EditCommand 事件

该事件是对 DataList 控件中的某个项单击【Edit】按钮时发生。事件语法如下:

```
protected void DataList1_EditCommand(object source,DataListCommandEventArgs e)
{
}
```

（4）ItemCommand 事件

该事件是在当单击 DataList 控件中的任一按钮时发生。事件语法如下：

```
protected void DataList1_ItemCommand(object source, DataListCommandEventArgs e)
{
}
```

（5）SelectedIndexChanged 事件

在两次服务器发送之间，在数据列表控件中选择了不同的项时发生。事件语法如下：

```
protected void DataList1_SelectedIndexChanged(object sender, EventArgs e)
{
}
```

（6）UpdateCommand 事件

该事件是对 DataList 控件中的某个项单击【Update】按钮时发生。事件语法如下：

```
protected void DataList1_UpdateCommand(object source, DataListCommandEventArgs e)
{
}
```

【例 9-3】 DataList 控件事件的应用。

该案例主要是利用 DataList 控件的 UpdateCommand 事件修改数据、DeleteCommand 事件删除数据，其操作步骤如下：

（1）打开"ch09"网站。

（2）添加一个新的窗体，命名为"Demo9_3.aspx"，并完成窗体的设计。窗体设计如图 9-8 所示。

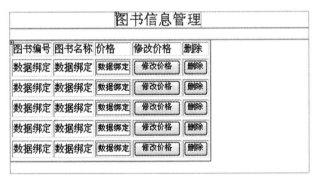

图 9-8　DataList 控件事件应用的页面设计

（3）编写 Page_Load 事件。

（4）编辑 DataList 控件的模板。

（5）编辑 DataList 控件的 UpdateCommand 事件。

（6）编辑 DataList 控件的 DeleteCommand 事件。

Page_Load 事件的程序代码如下：

```
1.    protected void Page_Load(object sender, EventArgs e)
2.    {
3.        if(Page.IsPostBack==False)
```

```
4.    {
5.        SqlStr="select * from 图书表";
6.        Ds=db.GetDataTableBySql(SqlStr);
7.        try
8.        {
9.            if(Ds.Tables[0].Rows.Count!=0)
10.           {
11.               this.DataList1.DataSource=Ds.Tables[0].DefaultView;
12.               this.DataList1.DataBind();
13.           }
14.        }
15.       catch(Exception)
16.       {
17.           Response.Write("<script>alert('没有获得任何数据,请检查!')</script>");
18.       }
19.   }
20. }
```

【代码分析】
- 第3行：判断页面是否回访，此案例中必须添加这个判断，否则后面的事件执行将会出错；
- 第6行：调用数据访问类中的GetDataTableBySql()方法，返回数据集；
- 第11行：指定DataList控件的数据源；
- 第12行：DataList控件进行数据绑定。

DataList控件的HTML代码如下：

```
<asp:DataList ID="DataList1" runat="server" DataKeyField="图书编号" OnUpdateCommand=
"DataList1_UpdateCommand" OnDeleteCommand="DataList1_DeleteCommand">
    <HeaderTemplate>
        <table border="1">
        <tr>
        <td>图书编号</td>
        <td>图书名称</td>
        <td>价格</td>
        <td>修改价格</td>
        <td>删除</td>
        </tr>
    </HeaderTemplate>
    <ItemTemplate>
        <tr>
        <td><%# DataBinder.Eval(Container.DataItem,"图书编号") %></td>
        <td><%# DataBinder.Eval(Container.DataItem,"图书名") %></td>
        <td><asp:TextBox ID="count" runat="server" Text='<%# DataBinder.Eval(Container.DataItem,"价格") %>' Width="50"></asp:TextBox></td>
```

```
            <td><asp:Button ID="Mod" runat="server" Text="修改价格" CommandName=
"Update"/></td>
            <td><asp:Button ID="Del" runat="server" Text="删除" CommandName="Delete"/>
            </td>
        </tr>
    </ItemTemplate>
    <FooterTemplate></table></FooterTemplate>
</asp:DataList>
```

【代码分析】

- 语句"<HeaderTemplate>"为 DataList 控件的头模板,该案例在其中编辑一个表格开始标记和一行的内容。头模板主要包含列表在开始处呈现的文本和控件;
- 语句"<asp:TextBox ID="count" runat="server" Text='<% # DataBinder.Eval(Container.DataItem,"价格") %>' Width="50"></asp:TextBox>"是在 DataList 控件的模板中绑定 TextBox 控件,其中"Text"属性指定绑定的"价格"字段数据;
- 语句"<asp:ButtonID="Mod"runat="server"Text="修改价格"CommandName="Update"/>"是在 DataList 控件的模板中绑定 Button 控件,其中"CommandName"为指定该按钮类型,即指定其触发什么事件;
- 语句"<FooterTemplate></table></FooterTemplate>"为 DataList 控件的尾模板,该案例在其中放了一个表格的结束标记。尾模板主要包含列表在结束处呈现的文本和控件。

DataList 控件 UpdateCommand 事件的代码如下:

```
1.   protected void DataList1_UpdateCommand(object source, DataListCommandEventArgs e)
2.   {
3.       String book_id=this.DataList1.DataKeys[e.Item.ItemIndex].ToString();
4.       TextBox count=(TextBox)this.DataList1.Items[e.Item.ItemIndex].FindControl("count");
5.       SqlStr="update 图书表 set 价格='"+count.Text+"' where 图书编号='"+book_id+"'";
6.       Boolean Update_Result;
7.       Update_Result=db.UpdateDataBySql(SqlStr);
8.       if(Update_Result==True )
9.           Response.Write("<script>alert('价格修改成功!')</script>");
10.      else
11.          Response.Write("<script>alert('价格修改失败,请检查!')</script>");
12.  }
```

【代码分析】

- 第 3 行:获得要修改图书的图书编号,通过 DataList 控件的"DataKeys"属性获得当前记录的键字段的值,使用该属性时必须设置 DataList 控件的 DataKeyField 属性;
- 第 4 行:定义 TextBox 对象,"DataList1.Items[e.Item.ItemIndex].FindControl("count")"语句用来获取在 DataList 控件中绑定的 TextBox 控件,要注意将其类型强制转换;
- 第 8 行:调用数据访问类中的 UpdateDataBySql()方法,返回一个布尔值。

DataList 控件 DeleteCommand 事件的代码如下:

```
1.  protected void DataList1_DeleteCommand(object source, DataListCommandEventArgs e)
2.  {
3.      String book_id=this.DataList1.DataKeys[e.Item.ItemIndex].ToString();
4.      SqlStr="delete from 图书表 where 图书编号='"+book_id+"'";
5.      Boolean Del_Result;
6.      Del_Result=db.UpdateDataBySql(SqlStr);
7.      if(Del_Result==True)
8.          Response.Write("<script>alert('记录删除成功!')</script>");
9.      else
10.         Response.Write("<script>alert('记录删除失败,请检查!')</script>");
11. }
```

【代码分析】

- 第3行:获得要修改图书的图书编号,通过 DataList 控件的"DataKeys"属性获得当前记录的键字段的值,使用该属性时必须设置 DataList 控件的 DataKeyField 属性;
- 第4行:定义 SQL 语句。

初始运行结果如图 9-9 所示。

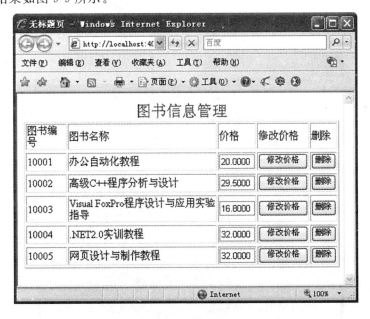

图 9-9　初始运行结果

将图书编号为"10003"的图书的价格修改为"18.8",单击【修改价格】按钮,弹出"修改结果提示信息"对话框,如图 9-10 所示。单击【确定】按钮,数据显示结果如图 9-11 所示。

图 9-10　修改价格结果提示信息

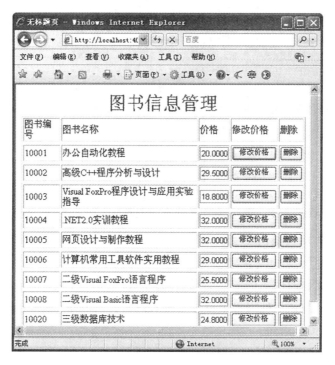

图 9-11 修改图书价格之后的结果

删除图书编号为"10004"的图书,单击【删除】按钮,最终数据显示结果如图 9-12 所示。

图 9-12 删除图书信息之后的结果

【提示】

- 在该案例中 DataList 控件的 DataKeyField 属性必须指定,否则 UpdateCommand 事件无法完成。
- 语句"<asp:Button ID="Mod" runat="server" Text="修改价格" CommandName="Update"/>"是在 DataList 控件的模板中绑定 Button 控件,其中"CommandName"为指定该

按钮类型,即指定其触发什么事件。

【例 9-4】 一条记录分多行显示,即将一条记录的多个字段分多行显示。

页面设计效果如图 9-13 所示。

图 9-13 利用 DataList 控件将一条记录分多行显示页面设计

DataList 控件的 HTML 代码如下:

```
<asp:DataList ID="DataList1" runat="server" RepeatColumns="4">
    <ItemTemplate>
    <table>
        <tr>
            <td width="120" valign="top" height="172"><img width=120 height=171 src=
            '<%# DataBinder.Eval(Container.DataItem,"图片") %>'>
            </td>
        </tr>
        <tr>
            <td width="120" valign="top" height="50"><%# DataBinder.Eval(Container.
            DataItem,"图书名") %></td>
        </tr>
    </table>
    </ItemTemplate>
</asp:DataList>
```

Page_Load 事件的程序代码如下:

```
1.  protected void Page_Load(object sender, EventArgs e)
2.  {
3.      if(Page.IsPostBack==False)
4.      {
5.          SqlStr="select * from 图书表";
6.          Ds=db.GetDataTableBySql(SqlStr);
```

```
7.          try
8.          {
9.              if(Ds.Tables[0].Rows.Count!=0)
10.             {
11.                 this.DataList1.DataSource=Ds.Tables[0].DefaultView;
12.                 this.DataList1.DataBind();
13.             }
14.         }
15.         catch(Exception)
16.         {
17.             Response.Write("<script>alert('没有获得任何数据,请检查!')</script>");
18.         }
19.     }
20. }
```

运行结果如图 9-14 所示。

图 9-14 利用 DataList 控件将一条记录分多行显示

课堂实践

1. 利用 HyperLink 控件设计导航栏。
2. 利用 DataList 控件的事件修改购物车表中的数量、删除购物车表中的数据。
3. 利用 DataList 控件将一条记录分多行显示的功能,完成如图 9-15 所示的页面。

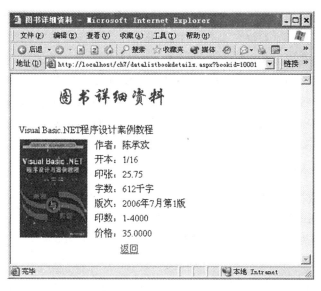

图 9-15 DataList 控件将一条记录分多行显示

9.1.3 Repeater 控件

Repeater 控件和 DataList 控件类似,也是 Web 服务器控件中的一个基本容器控件,它可以用来显示页面中任何数据源的数据。该控件没有预先定义好的固有显示外观和布局,只有可用于自定义显示格式的可编辑模板。所以,使用该控件显示数据时,主要的工作是设计和编辑模板,以便提供一个灵活有效的显示布局。使用 Repeater 控件显示数据时,要先创建定义控件内容布局的模板,模板用有效的 HTML 文本和控件的任意组合来描述。如果未定义模板或模板中没有要显示的数据元素,则在页面运行时,此控件不显示在页上。表 9-5 中列出了此控件能使用的模板名称。

表 9-5　　　　　　　　　Repeater 控件可使用的模板名称

模板名称	说　明
HeaderTemplate	设置数据标题的模板,有些模板内的数据只会出现一次
ItemTemplate	设置数据呈现方式的模板,此为必要的模板
AlternatingItemTemplate	与 ItemTemplate 相似,若设置此模板,则会与 ItemTemplate 交互出现
SeparatorTemplate	设置每条记录之间的模板
FooterTemplate	设置数据表结束时的模板,此模板内的数据只会出现一次

Repeater 控件的常用属性如表 9-6 所示。

表 9-6　　　　　　　　　**Repeater 控件的常用属性表**

属　性	说　明
DataSource	获取或设置为填充列表提供数据的数据源
DataMember	获取或设置 DataSource 中要绑定到控件的特定表
TemplateSourceDirectory	获取包含当前服务器控件的 Page 或 UserControl 的虚拟目录
Items	获取 Repeater 中 RepeaterItem 对象的集合
Visible	获取或设置一个值,该值指示服务器控件是否作为 UI 呈现在页上

Repeater 控件数据的绑定包含了控件本身的数据绑定和位于模板中的控件的数据绑定两个方面。Repeater 控件本身必须通过其 DataSource 属性绑定到数据源，否则它将无法显示数据。所使用的数据源可以是 DataSet、DataView 以及数组等。当页面运行时，调用 Repeater 控件的 DataBind 方法获取要显示的记录，每次需要刷新显示的数据，应再次调用该方法进行数据绑定。模板中的控件可绑定到 Repeater 控件的数据源或一个单独的数据源，这能保证所有控件将显示来自同一数据行的数据项。将控件绑定到 Repeater 控件要用 Container 作为数据源，因为 Repeater 控件是所有控件的容器。绑定命令格式如下：

```
<%# databinder.eval(container,"dataitem.类型名称") %>
```

"类型名称"为数据源中的字段名（即列名），其他控件可绑定与 Repeater 控件不同的数据源，如果希望控件显示与 Repeater 控件的数据源不同的数据行，或者希望控件有一个完全不同的数据源，则可使用这种方法。

【例 9-5】 图书详细信息的显示。

使用 Repeater 控件显示数据的初始页面设计如图 9-16 所示。

Repeater 控件的 HTML 代码如下：

```
<asp:Repeater ID="Repeater1" runat="server">
    <ItemTemplate>
    <table>
    <tr>
    <td colspan="3"><%# DataBinder.Eval(Container.DataItem ,"图书名") %></td>
    </tr>
    <tr>
    <td rowspan="5"><img src="<%# DataBinder.Eval(Container.DataItem ,"图片") %>" /></td>
    <td>作者:<%# DataBinder.Eval(Container.DataItem,"作者") %></td>
    </tr>
    <tr>
    <td>价格:<%# DataBinder.Eval(Container.DataItem,"价格") %></td>
    </tr>
    <tr>
    <td>印张:<%# DataBinder.Eval(Container.DataItem,"印张") %></td>
    </tr>
    <tr>
    <td>字数:<%# DataBinder.Eval(Container.DataItem,"字数") %></td>
    </tr>
    <tr>
    <td>版次:<%# DataBinder.Eval(Container.DataItem ,"版次") %></td>
    </tr>
    </table>
    </ItemTemplate>
</asp:Repeater>
```

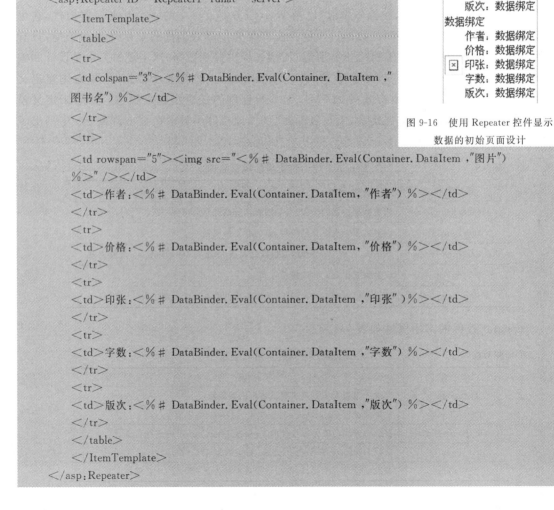

图 9-16 使用 Repeater 控件显示数据的初始页面设计

Page_Load 事件的程序代码如下：

```
1.   protected void Page_Load(object sender, EventArgs e)
2.   {
3.       if(Page.IsPostBack==False)
4.       {
5.           SqlStr="select * from 图书表";
6.           Ds=db.GetDataTableBySql(SqlStr);
7.           try
8.           {
9.               if(Ds.Tables[0].Rows.Count!=0)
10.              {
11.                  this.Repeater1.DataSource=Ds.Tables[0].DefaultView;
12.                  this.Repeater1.DataBind();
13.              }
14.          }
15.          catch(Exception)
16.          {
17.              Response.Write("<script>alert('没有获得任何数据,请检查!')</script>");
18.          }
19.      }
20.  }
```

【代码分析】
- 第 11 行：指定 Repeater 控件的数据源；
- 第 12 行：Repeater 控件进行数据绑定。

运行结果如图 9-17 所示。

【提示】

- GridView 控件、DataList 控件和 Repeater 控件都是数据显示控件,但它们各有特点,GridView 控件适用于规则的显示数据的情况（以表格形式显示数据）,DataList 控件和 Repeater 控件都可以灵活的显示数据,但如果以表格形式显示数据就没有 GridView 控件方便,DataList 控件在一行显示多个记录的内容时比 Repeater 控件方便。因此读者要根据实际需要选择合适的数据显示控件。
- 数据显示控件除了前面所介绍的三种之外还有其他的控件,请读者自己查阅相关资料学习。

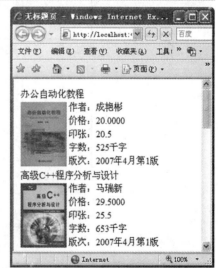

图 9-17 使用 Repeater 控件显示数据

课堂实践

1. 利用 Repeater 控件显示购物车表中的数据。
2. 利用 Repeater 控件显示图书信息,要求图片显示为超链接形式。

任务 9-2　图书展示界面设计

9.2.1　设计图书展示页面

为了吸引用户的眼球,如果图书展示页面还是以表格形式展示就太普通,为了更好地展示图书,现以图文方式展示图书信息。

图书展示页面的设计步骤如下:
(1)打开"ebook"网站。
(2)右击"解决方案资源管理器"中的项目名"ebook",打开快捷菜单,然后选择"添加新项"选项,打开"添加新项"对话框。
(3)在"模板"列表中选择"Web 窗体",在"名称"文本框中输入页面名"book_show.aspx",单击【添加】按钮就在项目中添加了一个新的窗体。
(4)设计图书展示页面,在"book_show.aspx"页面上添加 1 个表格,在表格中添加 1 个 Label 控件、1 个 DataList 控件,最终设计效果如图 9-18 所示。

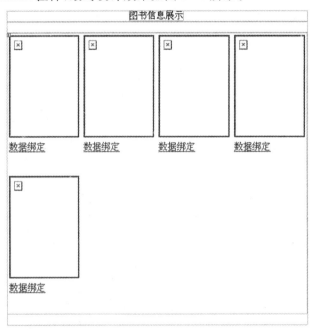

图 9-18　图书展示页面设计

DataList 控件的 HTML 代码如下:

```
<asp:DataList ID="DataList1" runat="server" RepeatColumns="4">
    <ItemTemplate>
        <table>
            <tr>
                <td width="120" valign="top" height="172">
                    <a href='bookdetails.aspx?bookid=<%# DataBinder.Eval(Container.DataItem,"图书编号")%>'>
```

```
                    <img width=120 height=171 src='<%# DataBinder.Eval(Container.
                        DataItem,"图片")%>'></a>
                </td>
            </tr>
            <tr>
                <td width="120" valign="top" height="50">
                    <a href='bookdetails.aspx?bookid=<%# DataBinder.Eval(Container.
                        DataItem,"图书编号")%>'><%# DataBinder.Eval(Container.DataItem,
                        "图书名")%></a>
                </td>
            </tr>
        </table>
    </ItemTemplate>
</asp:DataList>
```

为图书名和图片内容添加超链接。"bookdetails.aspx"为图书详细信息页面。代码"<a href='bookdetails.aspx?bookid=<%# DataBinder.Eval(Container.DataItem,"图书编号")%>'>"的功能是链接到图书详细信息页面，通过"bookid"参数传递当前记录的图书编号。

9.2.2 使用 Repeater 控件显示图书详细信息

图书展示页面只能了解图书的部分信息，如果用户想更加详细地了解图书信息，则可以通过单击图书展示页面上的图书图片或图书名来显示图书详细信息。

图书详细信息页面的设计步骤如下：

(1)打开"ebook"网站。

(2)右击"解决方案资源管理器"中的项目名"ebook"，打开快捷菜单，然后选择"添加新项"选项，打开"添加新项"对话框。

(3)在"模板"列表中选择"Web窗体"，在"名称"文本框中输入页面名"bookdetails.aspx"，单击【添加】按钮就在项目中添加了一个新的窗体。

(4)设计图书展示页面，在"bookdetails.aspx"页面上添加1个表格，在表格中添加1个Label控件、1个Repeater控件和1个ImageButton控件，最终设计效果如图9-19所示。

图 9-19　图书详细信息页面的设计视图

Repeater 控件的 HTML 代码如下：

```
<asp:Repeater ID="Repeater1" runat="server">
    <ItemTemplate>
        <table>
        <tr>
        <td colspan="3"><%# DataBinder.Eval(Container.DataItem ,"图书名")%></td>
```

```
            </tr>
            <tr>
            <td rowspan="5"><img src="<%# DataBinder.Eval(Container.DataItem,"图片") %>" /></td>
            <td>作者:<%# DataBinder.Eval(Container.DataItem,"作者") %></td>
            </tr>
            <tr>
            <td>价格:<%# DataBinder.Eval(Container.DataItem,"价格") %></td>
            </tr>
            <tr>
            <td>印张:<%# DataBinder.Eval(Container.DataItem,"印张") %></td>
            </tr>
            <tr>
            <td>字数:<%# DataBinder.Eval(Container.DataItem,"字数") %></td>
            </tr>
            <tr>
            <td>版次:<%# DataBinder.Eval(Container.DataItem,"版次") %></td>
            </tr>
            </table>
        </ItemTemplate>
</asp:Repeater>
```

课堂实践

1. 打开 OnlineShop 网站，添加一个新的 Web 窗体"commodity_show.aspx"。
2. 仿照国美电器网站设计"commodity_show.aspx"商品展示页面。
3. 利用 DataList 控件显示商品信息。
4. 添加一个新的 Web 窗体"commodity_details.aspx"。
5. 利用 Repeater 控件显示商品详细信息。

任务 9-3 图书展示功能实现

9.3.1 图书展示功能的实现

设计完图书展示页面后，现在来实现图书展示功能。"book_show.aspx"页面的 Page_Load 事件的程序代码如下：

```
1.  protected void Page_Load(object sender, EventArgs e)
2.  {
3.      if(Page.IsPostBack==False)
4.      {
5.          SqlStr="select * from 图书表";
6.          Ds=db.GetDataTableBySql(SqlStr);
7.          try
```

```
8.          {
9.                  if(Ds.Tables[0].Rows.Count!=0)
10.                 {
11.                     this.DataList1.DataSource=Ds.Tables[0].DefaultView;
12.                     this.DataList1.DataBind();
13.                 }
14.         }
15.         catch(Exception)
16.         {
17.             Response.Write("<script>alert('没有获得任何数据,请检查!')</script>");
18.         }
19.     }
20. }
```

运行结果如图 9-20 所示。

图 9-20　图书展示页面运行结果

9.3.2　查看图书详情的实现

设计完查看图书详细信息的页面后,现在来实现其功能,实现的原理是,当单击图书展示页面上某一本图书的名称或图片时就显示该图书的详细信息,也就是说要从图书展示页面上传一个图书编号到查看图书详细页面,在查看图书详细页面上根据传过来的图书编号进行查询,将查询到的图书的详细信息显示。下面来看其具体实现。

查看图书详细信息的程序代码如下：

```csharp
1.  public partial class bookdetails : System.Web.UI.Page
2.  {
3.      String SqlStr;
4.      DataSet Ds=new DataSet();
5.      DB db=new DB();
6.      String Book_ID;
7.      protected void Page_Load(object sender, EventArgs e)
8.      {
9.          if(Page.IsPostBack==False)
10.         {
11.             Book_ID=Request.QueryString.Get(0).ToString().Trim();
12.             SqlStr="select * from 图书表 where 图书编号="+Book_ID;
13.             Ds=db.GetDataTableBySql(SqlStr);
14.             try
15.             {
16.                 if(Ds.Tables[0].Rows.Count!=0)
17.                 {
18.                     this.Repeater1.DataSource=Ds.Tables[0].DefaultView;
19.                     this.Repeater1.DataBind();
20.                     Session["book_id"]=Book_ID;
21.                 }
22.             }
23.             catch(Exception)
24.             {
25.                 Response.Write("<script>alert('没有获得任何数据,请检查!')</script>");
26.             }
27.         }
28.     }
29. }
```

【代码分析】

• 第11行：获取图书编号，通过 Request 对象的 QueryString.Get(0)的方法获取图书展示页传递过来的图书编号，在图书展示页面上跳转到查看图书详细信息页面的超链接，HTML代码为"<a href='bookdetails.aspx?bookid=<%# DataBinder.Eval(Container.DataItem,"图书编号")%>'>"，其中"？bookid"参数就是用来传递当前图书的编号，通过此形式传递的参数就可以通过 Request 对象的 QueryString 方法获取；

• 第12行：定义带条件的查询语句；

• 第20行：利用 Session 变量保存图书编号，单击【购买】按钮进入购物车页面（后面介绍），利用 Session 变量将图书编号传递到购物车页面。

当在图书展示页面上单击"计算机常用工具软件教程"图书的图片时，图书详细信息页面的显示结果如图9-21所示。

◀【提示】

- 图书详细信息页面上的【购买】按钮的功能是将查看的图书添加到购物车,在第 10 章再介绍其具体功能。
- 图书详细信息页面不能设为起始页,因为在其 Page_Load 事件中要获取图书编号,若直接设置为起始页,语句"Book_ID＝Request.QueryString.Get(0).ToString().Trim();"将出现异常。

课堂实践

1. 打开 OnlineShop 网站,完成商品展示页面"commodity_show.aspx"的商品展示功能。

2. 完成商品详细信息页面"commodity_details.aspx"的功能。

图 9-21　图书详细信息

任务 9-4　用户自定义控件

虽然 ASP.NET 服务器控件提供了大量的功能,但它们并不能涵盖每一种情况,不能完全满足程序设计人员的所有要求。因此在 ASP.NET 中,可以制作自己的控件(自定义控件),以方便程序的设计,使用用户自定义控件的另一个优点是能够保证各页面的相同内容一致。一个用户自定义控件与一个完整的 Web 窗体页相似,它们都包含一个用户界面页和一个代码隐藏文件。

在浏览网页时不难发现,许多网页的最上面部分与最下面部分基本相同,像这种要应用于多个页面的内容,就可以先定义为自定义控件,然后在其他页面中直接引用。用户自定义控件只要设计一次,就可以多次引用,这样既简化程序员设计页面的工作量也可保证内容的一致性。接下来介绍版权信息、导航栏、用户登录和图书展示 4 个自定义控件。

9.4.1　版权信息自定义控件

任何一个网站在页面的最下方都有一个版权信息的内容,为了保证站点中各页面的版权信息一致,现将版权信息设计为自定义控件,如图 9-22 所示。

图 9-22　版权信息自定义控件

在 ASP.NET 中创建用户自定义控件的步骤如下:

(1)打开"ebook"网站。

(2)右击"解决方案资源管理器"中的项目名"ebook",打开快捷菜单,然后选择"添加新项"选项,打开"添加新项"对话框。

(3)在"模板"列表中选择"Web 用户控件",在"名称"文本框中输入用户控件名

"copyright_usercontrol.ascx",单击【添加】按钮就在项目中添加了一个 Web 用户控件。

(4)在"解决方案资源管理器"中会产生一个"copyright_usercontrol.ascx"文件,注意用户自定义控件的扩展名为.ascx。

(5)设计 Web 用户控件页面,页面设计效果如图 9-22 所示。因为在自定义控件时不能像在普通 Web 页面一样,能随意拖放控件,因此使用表格布局。

(6)保存用户自定义控件。

版权信息自定义控件的 HTML 代码如下:

```
<div style="text-align: center">
    <table border="0" cellpadding="0" cellspacing="0" style="width: 800px">
        <tr>
            <td style="height: 20px">
            </td>
        </tr>
        <tr>
            <td align="center" style="font-size: 12px">
                <asp:HyperLink id="HyperLink1" runat="server" NavigateUrl="default.aspx" Target="_blank">首页</asp:HyperLink>  |  
                <asp:HyperLink id="HyperLink2" runat="server" NavigateUrl="shopcar.aspx" Target="_blank">我的购物车</asp:HyperLink>  |  
                <a href="mailto:ok.ok.ok368@163.com">联系管理员</a>  |  
                <asp:HyperLink id="HyperLink3" runat="server" NavigateUrl="main_login.aspx" Target="_blank">后台管理</asp:HyperLink>
            </td>
        </tr>
        <tr>
            <td style="height: 15px">
            </td>
        </tr>
        <tr>
            <td style="font-size: 12px;height: 19px" align="center">
                Copyright ? 2007~2010 蝴蝶网上书店版权所有</td>
        </tr>
        <tr>
            <td>
            </td>
        </tr>
    </table>
</div>
```

【代码说明】

- 超链接中的用到的"shopcar.aspx"和"main_login.aspx"两个页面在前面章节还没有介绍,这里主要是为了做版权信息自定义控件,故在项目中添加了这两个空页面,在后面再介绍其设计；
- 语句"<a href="mailto:ok.ok.ok368@163.com">"表示链接到电子邮箱。

9.4.2 在页面上运用自定义控件

用户自定义控件的使用同 Web 服务器控件一样，只要将其拖入页面即可，只是 Web 服务器控件是从"工具箱"中拖曳到页面，而用户自定义控件是从"解决方案资源管理器"中拖曳到页面的。下面以在图书信息查询页面中添加前面设计好的用户自定义控件为例，来介绍用户自定义控件的使用。

(1) 打开"ebook"网站。

(2) 打开图书信息查询页面，在页面的下方插入一个 1 行 1 列的表格并设置居中对齐。

(3) 从"解决方案资源管理器"中将"copyright_usercontrol.ascx"文件拖曳到刚插入的表格中，如图 9-23 所示。

图 9-23 添加用户自定控件之后的图书信息查询页面

(4) 浏览图书信息查询页面，如图 9-24 所示。

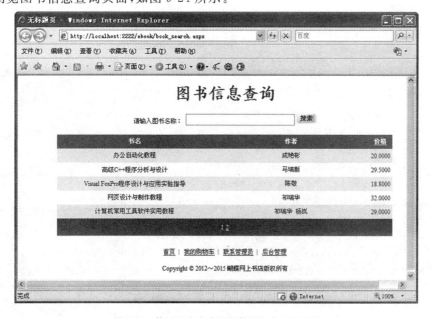

图 9-24 使用用户自定义控件的图书查询页面

在使用用户自定义控件时要注意，由于将其拖曳到页面中后，不方便改变其位置，因此在使用用户自定义控件时最好采用表格，那样可以很好地控制其位置。

9.4.3 导航栏自定义控件

任何网站都有一个导航栏，通过导航栏可以到达网站的任意一个页面，接下来介绍导航栏自定义控件。

制作导航栏自定义控件的操作步骤如下：

(1)打开"ebook"网站。

(2)右击"解决方案资源管理器"中的项目名"ebook"，打开快捷菜单，然后选择"添加新项"选项，打开"添加新项"对话框。

(3)在"模板"列表中选择"Web 用户控件"，在"名称"文本框中输入用户控件名"navigation_usercontrol.ascx"，单击【添加】按钮就在项目中添加了一个 Web 用户控件。

(4)在"解决方案资源管理器"中会产生一个"navigation_usercontrol.ascx"文件。

(5)设计 Web 用户控件页面，页面设计效果如图 9-25 所示。

图 9-25 导航栏自定义控件设计界面

(6)保存用户自定义控件。

导航栏自定义控件的 HTML 代码如下：

```html
<table border="0" cellpadding="0" cellspacing="0" style="width:800">
    <tr>
        <td style="height:19px;width:50px;">
        </td>
        <td style="width:30px;height:19px;font-size:12px;">
            <a href="Default.aspx" target="_self">首页</a></td>
        <td style="height:19px;width:10px;">
            |</td>
        <td style="height:19px;width:60px;font-size:12px;">
            <a href="register.aspx" target="_blank">用户注册</a></td>
        <td style="height:19px;width:10px;">
            |</td>
        <td style="height:19px;width:45px;font-size:12px;">
            <a href="shopcar.aspx" target="_blank">购物车</a></td>
        <td style="height:19px;width:10px;">
            |</td>
        <td style="height:19px;width:60px;font-size:12px;">
            <a href="order.aspx" target="_blank">结算管理</a></td>
        <td style="height:19px;width:10px;">
            |</td>
        <td style="height:19px;width:60px;font-size:12px;">
            <a href="order_search.aspx" target="_blank">订单查询</a></td>
        <td style="height:19px;width:455px;">
        </td>
    </tr>
</table>
```

其中"order.aspx"、"order_search.aspx"为新添加的结算管理页面和订单查询页面。

9.4.4 用户登录自定义控件

在第 6 章已经介绍了用户登录模块,这里介绍的用户登录主要是制作用户登录自定义控件。制作用户登录自定义控件的操作步骤如下:

(1)打开"ebook"网站。

(2)右击"解决方案资源管理器"中的项目名"ebook",打开快捷菜单,然后选择"添加新项"选项,打开"添加新项"对话框。

(3)在"模板"列表中选择"Web 用户控件",在"名称"文本框中输入用户控件名"login_usercontrol.ascx",单击【添加】按钮就在项目中添加了一个 Web 用户控件。

(4)在"解决方案资源管理器"中会产生一个"login_usercontrol.ascx"文件。

(5)设计 Web 用户控件页面,页面设计效果如图 9-26 所示。具体设计过程见单元 6。

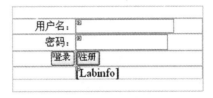

图 9-26 用户登录自定义控件设计界面

(6)完成【登录】按钮和【注册】按钮的功能,功能的具体完成见第 6 章。

(7)保存用户自定义控件。

【提示】

● 用户自定义控件就是将多个 Web 服务器控件组合起来构成一个自定义控件,主要是为了方便引用。

● 用户登录自定义控件与前面介绍的用户登录模块基本上是一样的,这里为了方便,采用了全部一样模块,读者可以根据需要进行相应的修改,以达到更好的效果,在后面介绍项目整合时还会有些修改。

9.4.5 图书展示自定义控件

本单元的前面几节已经介绍了图书展示页面的设计与功能的实现,这里主要是将图书展示创建为自定义控件,创建图书展示自定义控件的操作步骤如下:

(1)打开"ebook"网站。

(2)右击"解决方案资源管理器"中的项目名"ebook",打开快捷菜单,然后选择"添加新项"选项,打开"添加新项"对话框。

(3)在"模板"列表中选择"Web 用户控件",在"名称"文本框中输入用户控件名"navigation_usercontrol.ascx",单击【添加】按钮就在项目中添加了一个 Web 用户控件。

(4)在"解决方案资源管理器"中会产生一个"navigation_usercontrol.ascx"文件。

(5)设计 Web 用户控件页面,页面设计效果如图 9-27 所示。

【提示】

● 图书展示自定义控件的设计与前面介绍的图书展示界面设计一样,这里就不再详述。

- 图书展示自定义控件功能的实现与图书展示功能的实现一样。

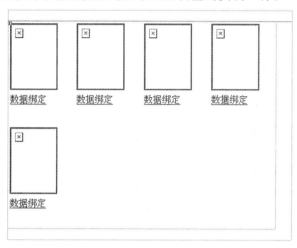

图 9-27 图书展示自定义控件

9.4.6 主页面

主页即浏览项目时打开的第 1 个页面,也是整个网站的入口,网上书店已经介绍了大部分功能,再加上这些自定义控件,现在来完成网上书店主页的设计。网上书店主页浏览效果如图 9-28 所示。

图 9-28 网上书店主页浏览效果

网上书店主页的设计步骤如下:
(1) 打开"ebook"网站,并打开"Default.aspx"页面。

(2)在"Default.aspx"页面,插入1个7行1列的表格,在第1行插入1个1行2列的嵌套表格,并设置第1个单元格的宽度为220像素,第2个单元格的宽度设置为580像素,分别插入image控件并设置其URL属性。

(3)将表格的第2行设置为分隔符,设置其"height"为"3px","background-color"为"#cccccc"。

(4)在表格的第3行插入导航栏自定义控件。

(5)将表格的第4行设置为分隔符,属性设置同第3步。

(6)在表格的第5行插入1个1行3列的嵌套表格,在嵌套表格的第1个单元格的插入1个3行1列的表格,其效果如图9-29所示。将第2个单元格设置为分隔符,在第3个单元格插入如下浮动框架代码。

```
<iframe name="main" width="555" height="500" src="book_show.aspx"></iframe>
```

(7)将表格的第6行设置为分隔符,属性设置同第3步。

(8)在表格的第7行插入版权信息自定义控件。

主页的 HTML 代码见网上书店项目"ebook"。

图 9-29 主页上的登录区与友情链接区

课堂实践

1. 打开 OnlineShop 网站。
2. 添加自定义控件:用户登录、版权信息、导航栏、商品展示。
3. 运用自定义控件设计主页。

单元小结

本单元主要学习了如下内容:
- HyperLink 控件:用来在页上创建一个可以切换到其他页或位置的链接;
- DataList 控件:是 Web 服务器控件中的一个基本容器控件,用来以自定义格式显示 Web 页中任何数据源的数据;
- Repeater 控件:是 Web 服务器控件中的一个基本容器控件,它可用来显示页面中任何数据源的数据;
- 利用 DataList 控件和 Repeater 控件灵活显示数据;
- 用户自定义控件:可以保证各页面相同的内容更新一致、方便页面设计。

课外拓展

一、选择题

1. 下面( )模板用来设置 DataList 控件的数据项显示格式。

A. HeaderTemplate   B. ItemTemplate

  C. FooterTemplate   D. EditItemTemplate

2. 在 Request 的属性中,(　　)可以获取 HTTP 中的查询字符变量值。

  A. QueryString   B. RawUrl

  C. RequestType   C. ContentType

3. 下面的描述中(　　)是正确的。

  A. 用 DataList 控件不能以表格形式显示数据

  B. 用 Repeater 控件不能以表格形式显示数据

  C. DataList 控件不能显示多列数据

  D. 用 DataList 控件和 Repeater 控件显示数据比用 DataGrid 控件更灵活

4. Repeater 控件不能使用(　　)模板。

  A. ItemTemplate   B. HeaderTemplate

  C. SelectedItemTemplate   D. AlternatingItemTemplate

5. DataList 控件的(　　)属性控制显示的列数。

  A. RepeatLayout   B. RepeatDirection

  C. RepeatColumns   D. DataSource

6. 将一个 Button 控件加入到 DataList 控件的模板中,其 CommandName 属性设置为 buy,当它被单击时将引发 DataList 控件的(　　)事件。

  A. DeleteCommand   B. ItemCommand

  C. CancelCommand   D. EditCommand

7. PageDataSource 类的(　　)属性用来设置或获取分页数据源每页的行数。

  A. AllowPaging   B. PageSize

  C. PageCount   D. AlloewCustomPaging

二、判断题

1. Repeater 控件中的模板只能使用手工方式编辑,不能使用模板编辑器。　　(　　)

2. DataList 控件的项模板编辑器中既可以输入文本,也可以放入子控件。　　(　　)

单元10 购物车模块设计

● 学习目标

【知识目标】

- 了解购物车的原理
- 掌握购物车的设计
- 掌握购物车的操作
- 熟悉购物车的实现

【技能目标】

- 能设计购物车界面
- 能熟练使用购物车
- 能实现购物车各种功能

● 学习导航

本单元主要学习内容及在网上书店系统开发中的位置如图10-1所示。

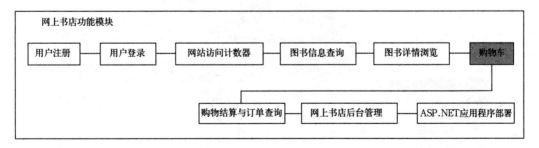

图10-1 本单元学习导航

【项目展示】

购物车页面浏览效果如图10-2所示。

修改图书编号为"10003"的数量为"4",单击【修改数量】按钮之后的页面如图10-3所示。

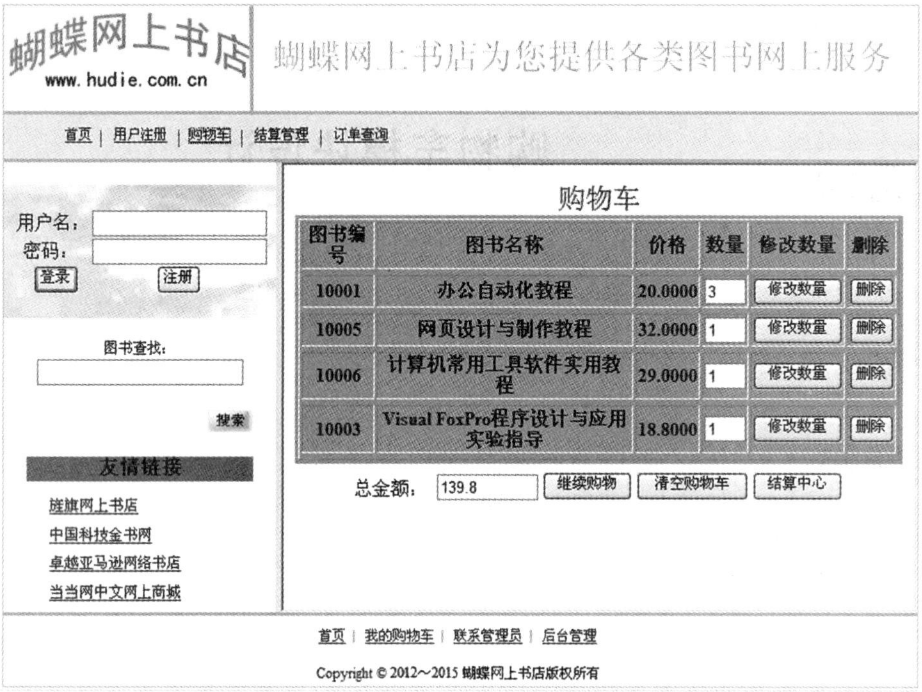

图 10-2　购物车页面

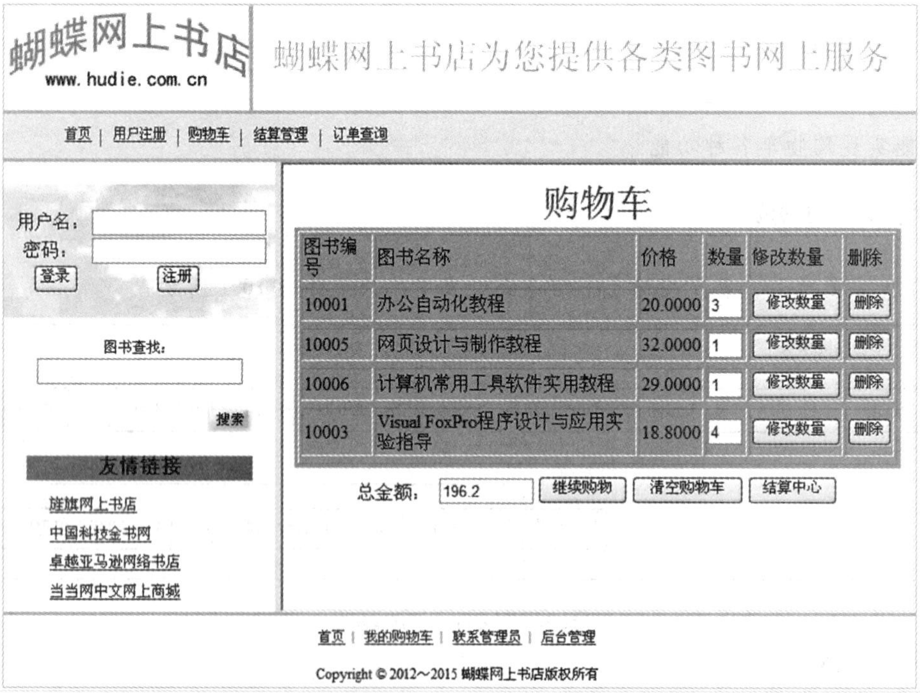

图 10-3　修改数量之后的购物车

任务 10-1 设计购物车页面

购物车用来临时存放客户购买的物品,简单地说就是用一个数据显示控件显示数据,本系统的购物车是用一个 DataList 控件来实现的。

购物车页面的设计步骤如下:

(1)打开"ebook"网站,打开"shopcar.aspx"页面(在第 9 章添加的)。

(2)设计购物车页面,在"shopcar.aspx"页面上添加 1 个表格,在表格中添加 1 个 Label 控件、1 个 DataList 控件、1 个 TextBox 控件和 3 个 Button 控件,最终设计效果如图 10-4 所示。

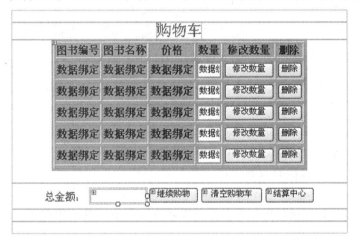

图 10-4 购物车页面设计

DataList 控件的 HTML 代码如下:

```
<asp:DataList ID="DataList1" runat="server" OnDeleteCommand="DataList1_DeleteCommand"
DataKeyField="图书编号" OnUpdateCommand="DataList1_UpdateCommand" BackColor=
"LightGoldenrodYellow" BorderColor="Tan" BorderWidth="1px" CellPadding="2" ForeColor="Black">
    <HeaderTemplate>
    <table border="1">
    <tr>
    <td>图书编号</td>
    <td>图书名称</td>
    <td>价格</td>
    <td>数量</td>
    <td>修改数量</td>
    <td>删除</td>
    </tr>
    </HeaderTemplate>
    <ItemTemplate>
    <tr>
    <td><%# DataBinder.Eval(Container.DataItem,"图书编号") %></td>
    <td><%# DataBinder.Eval(Container.DataItem,"图书名") %></td>
```

```
        <td><%# DataBinder.Eval(Container.DataItem ,"价格") %></td>
        <td><asp:TextBox ID="count" runat="server" Text='<%# DataBinder.Eval(Container.
DataItem ,"数量") %>' Width="30"></asp:TextBox></td>
        <td><asp:Button ID="Mod" runat="server" Text="修改数量" CommandName=
"Update"/></td>
        <td><asp:Button ID="Del" runat="server" Text="删除" CommandName="Delete"/></td>
    </tr>
</ItemTemplate>
<FooterTemplate></table></FooterTemplate>
<FooterStyle BackColor="Tan" />
<SelectedItemStyle BackColor="DarkSlateBlue" ForeColor="GhostWhite" />
<AlternatingItemStyle BackColor="PaleGoldenrod" />
<HeaderStyle BackColor="Tan" Font-Bold="True" />
</asp:DataList>
```

【代码分析】

- 语句"<asp:TextBox ID="count" runat="server" Text='<%# DataBinder.Eval (Container.DataItem ,"数量") %>' Width="30"></asp:TextBox>"在 DataList 控件中绑定一个文本框控件,用于接收修改数量;

- 语句"<asp:Button ID="Mod" runat="server" Text="修改数量" CommandName= "Update"/>"在 DataList 控件中绑定一个触发修改数量事件的按钮控件,注意其 CommandName 属性的设置;

- 语句"<asp:Button ID="Del" runat="server" Text="删除" CommandName= "Delete"/>"在 DataList 控件中绑定一个触发删除事件的按钮控件。

任务 10-2　实现购物车功能

购物车页面在系统中必须是网站会员才能浏览的,因此在编写其事件时,假设是从其他页面链接过来的。在购物车页面的程序中用到了两个方法,而且这两个方法的代码在本页面中经常要用到,分别是数据绑定方法和计算总金额方法。

1. 编写数据绑定方法的代码

数据绑定的代码在前面已经用过,为了避免重复写代码,因此把它定义为一个方法,名称为 DataListBind,其代码如下:

```
1.  public void DataListBind()
2.  {
3.      SqlStr="select * from 购物车表 where 会员名='"+Session["Username"]+"'";
4.      Ds=db.GetDataTableBySql(SqlStr);
5.      try
6.      {
7.          this.DataList1.DataSource=Ds.Tables[0].DefaultView;
8.          this.DataList1.DataBind();
9.      }
```

```
10.        catch(Exception)
11.        {
12.            Response.Write("<script>alert('没有得到数据,请重试!')</script>");
13.        }
14.    }
```

【代码分析】

- 第3行:定义查询语句,"Session["Username"]"是指用户在登录时将其赋值;
- 第4行:调用数据访问类中的 GetDataTableBySql()方法,返回数据集;
- 第7行:指定 DataList 控件的数据源;
- 第8行:DataList 控件进行数据绑定。

2. 编写计算总金额方法的代码

计算总金额方法的代码如下:

```
1.  public void total_money()
2.  {
3.      SqlStr="select * from 购物车表 where 会员名='"+Session["Username"]+"'";
4.      Ds=db.GetDataTableBySql(SqlStr);
5.      try
6.      {
7.          if(Ds.Tables[0].Rows.Count!=0)
8.          {
9.              Double price,sum=0;
10.             int count;
11.             for(int i=0;i<Ds.Tables[0].Rows.Count;i++)   //通过循环得到总金额
12.             {
13.                 price=Double.Parse(Ds.Tables[0].Rows[i]["价格"].ToString());
14.                 count=int.Parse(Ds.Tables[0].Rows[i]["数量"].ToString());
15.                 sum+=price*count;
16.             }
17.             this.total_money_txt.Text=sum.ToString();
18.         }
19.     }
20.     catch(Exception)
21.     {
22.         Response.Write("<script>alert('没有得到数据,请重试!')</script>");
23.     }
24. }
```

【代码分析】

- 第11~16行:通过循环计算得到总金额;
- 第13行:获取图书的价格;
- 第14行:获取图书数量;
- 第15行:计算金额。

3. 编写 Page_Load 事件过程的代码

购物车页面的 Page_Load 事件主要完成将当前会员选中的商品信息添加到购物车中,并且将当前会员的所有购物信息显示出来,要实现这个功能,首先要判断会员是否登录,其次要判断会员所选中的商品在购物车中是否已经存在,最后将所有购物信息显示。其代码如下:

```
1.  protected void Page_Load(object sender, EventArgs e)
2.  {
3.      if(Page.IsPostBack==False)
4.      {
5.          //Session["Username"]="ning";
6.          if(Session["Username"]!=null)
7.          {
8.              if(Session["book_id"]!=null)
9.              {
10.                 SqlStr="select * from 购物车表 where 会员名='"+Session["Username"]
                    +"' and 图书编号='"+Session["book_id"]+"'";
11.                 Ds=db.GetDataTableBySql(SqlStr);
12.                 try
13.                 {
14.                     if(Ds.Tables[0].Rows.Count!=0)
15.                     {
16.                         Response.Write("<script>alert('你已经购买了此产品,只要更改数量就行!')</script>");
17.                     }
18.                     else
19.                     {
20.                         SqlStr="insert into 购物车表(会员名,图书编号,数量) values('"+
                            Session["Username"]+"','"+Session["book_id"]+"',1)";
21.                         Boolean Insert_Result;
22.                         Insert_Result=db.UpdateDataBySql(SqlStr);
23.                     }
24.                 }
25.                 catch(Exception)
26.                 {
27.                     Response.Write("<script>alert('没有得到数据,请重试!')</script>");
28.                 }
29.             }
30.             DataListBind();      //绑定数据
31.             total_money();       //计算总金额
32.         }
33.         else
34.         {
35.             Response.Redirect("Error.aspx");
36.         }
37.     }
38. }
```

【代码分析】
- 第5行：为了测试购物车的功能，假设用户"ning"登录，在完整项目中此行要删除；
- 第6行：判断用户是否登录；
- 第8行：判断图书编号是否为空，若为空则用户是直接进购物车页面，若不为空则是通过购买图书进购物车页面的；
- 第10行：查询购物车表中的当前用户要购买的图书，查询结果用于判断用户是不是已经购买了此图书；
- 第13～24行：判断查询结果是不是有记录，若有记录则表示要购买的图书已经添加到了购物车，不需要再添加只需要更改其数量，若没有记录则表示要将购买的图书添加到购物车；
- 第20行：定义往购物车表中新增数据的 SQL 语句；
- 第30行：重新绑定购物车中的数据；
- 第31行：重新计算总金额。

运行结果如图 10-5 所示。

图 10-5　购物车页面的运行结果

课堂实践

1. 打开 OnlineShop 网站，添加购物车"shop_car.aspx"页面。
2. 设计"shop_car.aspx"页面。
3. 实现购物车功能。

任务 10-3　购物车操作

有时想多买几件某种商品，在现实生活中可以直接多拿几件，而在网上购物时就不能直接拿商品了，必须修改购物车中的数量，也就是更新购物车。接下来介绍修改购物车中的数量与删除购物车中的数据。

10.3.1 更新购物车数据

更新购物车数据就是修改购物数量，即完成【修改数量】按钮的功能，在前面介绍购物车页面设计时就提到了【修改数量】按钮的"CommandName"属性为"Update"，即触发修改事件，所以要编写 DataList 控件的"DataList1_UpdateCommand"事件，其程序代码如下：

```
1.  protected void DataList1_UpdateCommand(object source, DataListCommandEventArgs e)
2.  {
3.      String book_id=this.DataList1.DataKeys[e.Item.ItemIndex].ToString();
4.      TextBox count=(TextBox)this.DataList1.Items[e.Item.ItemIndex].FindControl("count");
5.      SqlStr="update 购物车表 set 数量='"+count.Text+"' where 图书编号='"+book_id+
            "' and 会员名='"+Session["Username"]+"'";
6.      Boolean Update_Result;
7.      Update_Result=db.UpdateDataBySql(SqlStr);
8.      if(Update_Result==True)
9.      {
10.         Response.Write("<script>alert('数量修改成功!')</script>");
11.         DataListBind();
12.         total_money();
13.     }
14.     else
15.         Response.Write("<script>alert('数量修改失败,请检查!')</script>");
16. }
```

【代码分析】

- 第 3 行：获取要修改记录的图书编号，"e.Item.ItemIndex"返回记录的索引值，"DataKeys[e.Item.ItemIndex]"返回记录的键值，因为 DataList 控件的"DataKeyField"属性设置为"图书编号"，所以"DataKeys[e.Item.ItemIndex]"返回的就是图书编号；
- 第 4 行：获取在 DataList 控件中绑定的文本框控件；
- 第 11 行：重新绑定购物车中的数据；
- 第 12 行：重新计算总金额。

初始运行结果如图 10-6 所示。

将图书编号为"10001"的图书的数量改为"3"之后的购物车页面如图 10-7 所示。

图 10-6 修改数量之前的购物车页面

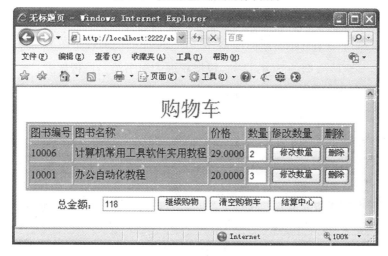

图 10-7 修改数量之后的购物车页面

10.3.2 删除购物车数据

当购物车中有某一商品不需要时,应删除这件商品,如果整个购物车中的商品都不需要,这就需要购物车具有全部清空功能,接下来介绍购物车删除数据的功能。

从前面的介绍中可以看到,购物车中有一列【删除】按钮,要实现【删除】按钮功能就要编写 DataList 控件的 DeleteCommand(删除命令)事件,此事件用来删除购物车中的一条记录,DeleteCommand 事件过程的代码如下:

```
1.  protected void DataList1_DeleteCommand(object source, DataListCommandEventArgs e)
2.  {
3.      String book_id=this.DataList1.DataKeys[e.Item.ItemIndex].ToString();
4.      SqlStr="delete from 购物车表 where 图书编号='"+book_id+"'";
5.      Boolean Del_Result;
```

```
6.          Del_Result=db.UpdateDataBySql(SqlStr);
7.          if(Del_Result==True)
8.          {
9.              Response.Write("<script>alert('记录删除成功!')</script>");
10.             DataListBind();
11.             total_money();
12.         }
13.         else
14.             Response.Write("<script>alert('记录删除失败,请检查!')</script>");
15.     }
```

【代码分析】

• 第3行：获取要修改记录的图书编号,"e.Item.ItemIndex"返回记录的索引值,"DataKeys[e.Item.ItemIndex]"返回记录的键值,因为 DataList 控件的"DataKeyField"属性设置为"图书编号",所以"DataKeys[e.Item.ItemIndex]"返回的就是图书编号;

• 第4行：定义删除数据的 SQL 语句,根据获取的图书编号进行删除;

• 第10行：重新绑定购物车中的数据;

• 第11行：重新计算总金额。

初始运行结果如图10-8所示。

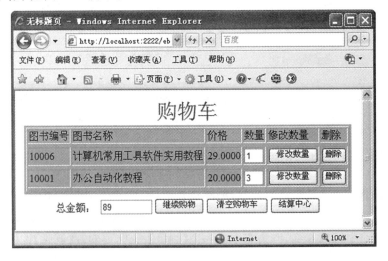

图 10-8 没有删除数据之前的购物车

单击图书编号为"10006"记录的【删除】按钮,将此记录删除,购物车页面将如图10-9所示。

10.3.3 清空购物车数据

前面介绍的删除购物车数据为一次只删除一条数据,但有时想一次性删除购物车中的所有数据,就需要清空购物车,接下来就介绍购物车页面上的【继续购物】按钮、【清空购物车】按

图 10-9 删除记录之后的购物车

钮和【结算中心】按钮的功能。

【清空购物车】按钮的功能为删除购物车中所有的记录，其 Click 事件过程的代码如下：

```
1.  protected void delallbtn_Click(object sender, EventArgs e)
2.  {
3.      SqlStr="delete from 购物车表 ";
4.      Boolean Del_Result;
5.      Del_Result=db.UpdateDataBySql(SqlStr);
6.      if(Del_Result==True)
7.      {
8.          Response.Write("<script>alert('记录删除成功!')</script>");
9.          DataListBind();         //绑定数据
10.         total_money();          //计算价格
11.     }
12.     else
13.         Response.Write("<script>alert('记录删除失败,请检查!')</script>");
14. }
```

【继续购物】按钮和【结算中心】按钮相当于一个超链接的作用，【继续购物】按钮用来返回图书信息展示页面，【结算中心】按钮用来进入生成订单页面。

课堂实践

1. 打开 OnlineShop 网站。
2. 完成"shop_car.aspx"页面上的【修改数量】按钮功能。
3. 完成"shop_car.aspx"页面上的【删除】按钮功能。
4. 完成【清空购物车】按钮功能。

单元小结

本单元主要学习了如下内容：
- 购物车页面的设计：通过 DataList 控件显示购物车中的数据；
- 计算购物车中的总金额：计算总金额；
- 购物车数据的显示：利用 DataList 控件绑定数据、在 DataList 控件中绑定文本框控件与按钮控件；
- 购物车数据的更新：通过编辑 DataList 控件的 UpdateCommand 事件实现数量的更新；
- 购物车数据的删除：通过编辑 DataList 控件的 DeleteCommand 事件实现购物车数据的删除。

课外拓展

1. 设计一个 Web 页面，为该页面编写一个 Repeater 控件模板，循环显示学生数据表的所有数据。学生数据包括学号、姓名、性别、出生日期、班级、注册日期等。

2. 设计一个 Web 页面，使用一个 DataList 控件分页显示用户留言信息，留言信息包括留言时间、留言主题和留言内容。

3. 设计一个 Web 页面，使用两个 DataGrid 控件分别显示手机信息和用户订购信息。左侧的 DataGird 分页内显示全部的手机信息，包括产品编号、型号、单价和产品图片，并提供一个 Button 按钮以启动"购买"功能。右侧的 DataGrid 分页中显示用户的全部订购信息，包括产品编号、型号、单价、订购数量和金额。

单元11 购物结算与订单查询模块设计

● 学习目标

【知识目标】

■ 了解网络购物结算的流程
■ 掌握购物结算功能的实现
■ 掌握订单的查询

【技能目标】

■ 能设计购物结算界面
■ 能实现购物结算功能
■ 能实现订单查询功能

● 学习导航

本单元主要学习内容及在网上书店系统开发中的位置如图11-1所示。

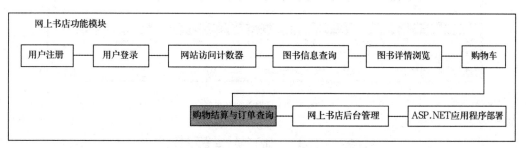

图11-1 本单元学习导航

【项目展示】

购物结算页面初始状态如图11-2所示。

输入订单编号为"13"的订单,其查询结果如图11-3所示。

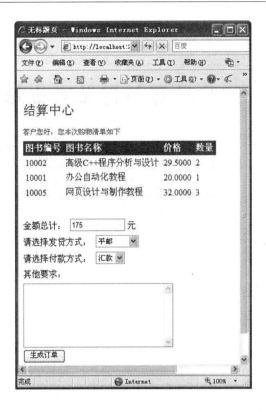

图 11-2 购物结算页面初始状态

图 11-3 订单查询结果

任务 11-1　购物结算模块

购物结算中心主要就是根据用户购物车中的商品生成订单和结算订单。

11.1.1　设计购物结算页面

购物结算页面设计步骤如下：

(1) 打开"ebook"网站。

(2) 右击"解决方案资源管理器"中的项目名"ebook"，打开快捷菜单，然后选择"添加新项"选项,打开"添加新项"对话框。

(3)在"模板"列表中选择"Web 窗体",在"名称"文本框中输入页面名"order.aspx",单击【添加】按钮就在项目中添加了一个新的窗体。

(4)设计购物结算页面,在"order.aspx"页面上添加 1 个 11 行 1 列的表格,然后在表格中添加 7 个 Label 控件、1 个 GridView 控件、2 个 TextBox 控件、2 个 DropDownList 控件和 1 个 Button 控件,最终设计效果如图 11-4 所示。

图 11-4　结算中心设计界面

GridView 控件绑定 4 个字段(图书编号、图书名称、价格和数量)的内容。发货方式与付款方式的选项采用静态绑定,发货方式有三种:平邮、快递和送货上门,付款方式有三种:汇款、转账和现金。将"其他要求"对应的 TextBox 控件的 TextMode 属性设置为 MultiLine。

11.1.2　实现购物结算功能

实现购物结算功能就是能生成订单并将购物车表中的数据转移到详细订单表中,下面介绍其具体实现。

1. 编写计算总金额方法的代码

计算总金额方法是用来计算当前用户所买商品的总金额为多少,该方法的名称为 total_money,其代码如下:

```
1.    public void total_money()
2.    {
3.        SqlStr="select * from 购物车视图 where 会员名='"+Session["Username"]+"'";
4.        Ds=db.GetDataTableBySql(SqlStr);
5.        try
```

```
6.        {
7.            if(Ds.Tables[0].Rows.Count!=0)
8.            {
9.                Double price,sum=0;
10.               int count;
11.               for(int i=0;i<Ds.Tables[0].Rows.Count;i++)   //通过循环得到总金额
12.               {
13.                   price=Double.Parse(Ds.Tables[0].Rows[i]["价格"].ToString());
14.                   count=int.Parse(Ds.Tables[0].Rows[i]["数量"].ToString());
15.                   sum+=price*count;
16.               }
17.               this.total_money_txt.Text=sum.ToString();
18.           }
19.       }
20.       catch(Exception)
21.       {
22.           Response.Write("<script>alert('没有得到数据,请重试!')</script>");
23.       }
24.   }
```

【代码分析】

- 第 11～16 行:通过循环计算得到总金额;
- 第 13 行:获取图书的价格;
- 第 14 行:获取图书数量;
- 第 15 行:计算金额。

2. 编写数据绑定方法的代码

数据绑定的代码在前面已经用过,为了避免重复写代码,因此把它定义为一个方法,其名称为 DataGridViewBind,其代码如下:

```
1.   public void DataGridViewBind()
2.   {
3.       SqlStr="select * from 购物车表 where 会员名='"+Session["Username"]+"'";
4.       Ds=db.GetDataTableBySql(SqlStr);
5.       try
6.       {
7.           this.GridView1.DataSource=Ds.Tables[0].DefaultView;
8.           this.GridView1.DataBind();
9.       }
10.      catch(Exception)
11.      {
```

```
12.            Response.Write("<script>alert('没有得到数据,请重试!')</script>");
13.        }
14. }
```

3. 编写购物结算页面的 Page_Load 事件过程的程序代码

购物结算中心的 Page_Load 事件过程要完成将当前客户购物车的信息显示在本页面中的 GridView 控件中,并计算总金额,其代码如下:

```
1.  protected void Page_Load(object sender, EventArgs e)
2.  {
3.      if(Page.IsPostBack==False)
4.      {
5.          Session["Username"]="ning";
6.          if(Session["Username"]!=null)
7.          {
8.              DataGridViewBind();
9.              total_money();
10.         }
11.         else
12.         {
13.             Response.Redirect("Error.aspx");
14.         }
15.     }
16. }
```

【代码分析】

• 第5行:用来指定用户名,在完整的项目中不需要此语句,这里为了调试方便,因为这里不是从登录页面进入到此页面的,所以指定一个固定的用户名;

• 第8行:调用数据绑定方法 DataGridViewBind();

• 第9行:调用计算总金额的方法 total_money();

• 第13行:如果用户没有登录,则显示登录页面"Error.aspx",此页面用来提示用户登录。

运行结果如图 11-5 所示。

4. 生成订单的事件代码

【生成订单】按钮的 Click 事件过程,首先要生成一个订单号,然后生成订单与详细订单,最后显示当前用户购物车中的商品信息。其代码如下:

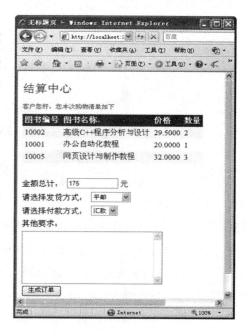

图 11-5 结算中心页面的运行结果

```
1.  protected void orderbtn_Click(object sender, EventArgs e)
2.  {
3.      int max_order;
4.      SqlStr="select max(订单编号) from 订单表";
5.      Ds=db.GetDataTableBySql(SqlStr);
6.      if(Ds.Tables[0].Rows[0][0].ToString()!="")
7.      {
8.          max_order=int.Parse(Ds.Tables[0].Rows[0][0].ToString())+1;
9.      }
10.     else
11.     {
12.         max_order=1;
13.     }
14.     SqlStr="insert into 订单表(订单编号,会员名,发货方式,付款方式,总金额,是否发货,备注) values('"+max_order.ToString()+"','"+Session["Username"]+"','"+this.ddlconsignment.SelectedItem.Text+"','"+this.ddlpayment.SelectedItem.Text+"','"+this.total_money_txt.Text.ToString().Trim()+"',0,'"+this.remarktxtbox.Text+"')";
15.     if(db.UpdateDataBySql(SqlStr))
16.     {
17.         Boolean UpdateResult;
18.         SqlStr="insert into 详细订单表(会员名,图书编号,数量) select 会员名,图书编号,数量 from 购物车表 where 会员名='"+Session["Username"]+"'";
19.         UpdateResult=db.UpdateDataBySql(SqlStr);
20.         SqlStr="update 详细订单表 set 订单编号='"+max_order.ToString()+"' where 订单编号 is null";
21.         UpdateResult=db.UpdateDataBySql(SqlStr);
22.         SqlStr="delete from 购物车表 where 会员名='"+Session["Username"]+"'";
23.         UpdateResult=db.UpdateDataBySql(SqlStr);
24.         this.ordernolab.Visible=True;
25.         this.ordernolab.Text+=max_order.ToString();
26.     }
27. }
```

【代码分析】

- 第3~13行：用来生成新的订单号，其中第6行用来判断订单表中是否有记录，若没有记录，将订单号赋值为1，若有记录，则用查询出来的最大订单号加1，以得到新的订单号；
- 第14行：生成订单的SQL语句，生成订单就是在订单表中新增一条记录，将订单相关信息插入订单表；
- 第15行：用来判断订单表新增记录是否成功，若成功则将购物车中的记录也插入到详细订单表，并删除购物车中的数据；

- 第18行：定义插入详细订单表的SQL语句，注意其子查询语句，此语句的功能是将当前用户购物车表中的数据插入到详细订单表中；
- 第20行：定义更新详细订单表中的订单号的SQL语句；
- 第22行：定义删除当前用户购物车表中的数据；
- 第24行：将提示信息的Label控件设置为可见，以前在设计中都将其设置为不可见；
- 第25行：显示订单号，方便用户以后查看订单处理情况。

生成订单之后的结算中心的页面如图11-6所示。

【提示】
- 在生成订单的事件代码中，将购物车中的数据插入到详细订单表并删除购物车中数据，像这样有关联的SQL语句最好不要写在程序中，为了保证数据的一致性建议读者在数据库中写触发器来完成，该方法由读者参考其他资料自行完成。

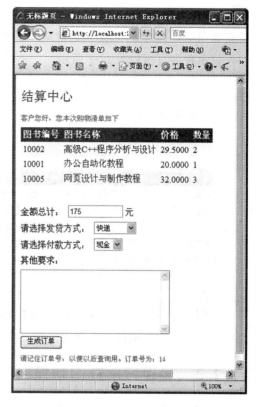

图11-6 生成订单之后的结算中心页面

课堂实践

1. 打开OnlineShop网站，添加结算中心"order.aspx"页面。
2. 设计"order.aspx"页面。
3. 完成结算中心基本功能。
4. 完成生成订单功能。

任务11-2 订单查询模块

订单查询就是让用户查询其订单的详细信息以及订单的处理情况。在完整系统的主页上增加一个订单查询的链接即可，这里只介绍其功能的实现。

11.2.1 设计订单查询页面

用户若想知道自己的订单是否已经被处理，可以通过订单查询功能来获得订单的处理结果，在订单查询页面"order_search.aspx"（第9章已经添加）中添加2个Label控件、1个TextBox控件、1个Button控件、1个Panel控件和1个GridView控件。该Web页面应用了Panel控件，该控件是一个容器控件，可以将各种Web控件拖入其中。它最大的优点是可以实现多个控件的同时显示与隐藏，因此它在网页中的应用非常广泛。在Panel控件中添加2个

Label 控件和 1 个 TextBox 控件,2 个 Label 控件的 Text 属性分别为"总金额"、"元",如果要让它在浏览页面时显示,必须通过某一事件修改其 Visible 属性为 True 才会显示。

订单查询页面如图 11-7 所示。

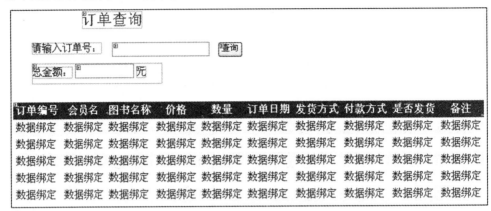

图 11-7 订单查询页面设计

当用户输入要查询的订单号,单击【查询】按钮时,页面就会显示此订单的详细信息及订单总金额。接下来介绍订单查询功能的实现。

11.2.2 实现订单查询功能

根据用户输入的订单编号,显示订单详细信息,包括订单的基本信息和订单的处理情况。

1. 订单查询页的初始化事件

订单查询页面的 Page_Load 事件过程的功能是判断用户是否登录,其代码如下所示。

```
1.    protected void Page_Load(object sender, EventArgs e)
2.    {
3.        if(! IsPostBack)
4.        {
5.            Session["Username"]="ning";
6.            if(Session["Username"]==null)
7.            {
8.                Response.Redirect("Error.aspx");
9.            }
10.           this.order_no_txtbox.Focus();
11.       }
12.   }
```

【代码分析】
- 第 5 行:用来指定用户名,在完整的项目中不需要此语句,这里为了调试方便,因为这里不是从登录页面进入到此页面的,所以指定一个固定的用户名;
- 第 8 行:如果用户没有登录,则显示登录页面 Error.aspx,此页面用来提示用户登录;
- 第 10 行:为接收订单编号的文本框设置输入焦点。

2. 订单查询事件

【查询】按钮 Click 事件过程的功能就是根据输入的订单号显示其订单的详细信息以及处理情况并计算出总金额，其代码如下：

```
1.  protected void Button1_Click(object sender, EventArgs e)
2.  {
3.      if(this.order_no_txtbox.Text!="")
4.      {
5.          SqlStr="select * from 详细订单视图 where 会员名='"+Session["Username"]+"' and 订单编号='"+this.order_no_txtbox.Text+"'";
6.          Ds=db.GetDataTableBySql(SqlStr);
7.          if(Ds.Tables[0].Rows.Count!=0)
8.          {
9.              this.GridView1.DataSource=Ds.Tables[0].DefaultView;
10.             this.GridView1.DataBind();
11.             this.Panel1.Visible=True;
12.             this.GridView1.Visible=True;
13.             int i,count;
14.             Double price,sum=0;
15.             for(i=0;i<Ds.Tables[0].Rows.Count;i++)
16.             {
17.                 price=Double.Parse(Ds.Tables[0].Rows[i]["价格"].ToString());
18.                 count=int.Parse(Ds.Tables[0].Rows[i]["数量"].ToString());
19.                 sum+=price*count;
20.             }
21.             this.totaltxtbox.Text=sum.ToString();
22.         }
23.         else
24.         {
25.             this.GridView1.Visible=False;
26.             this.Panel1.Visible=False;
27.             Response.Write("<script>alert('此订单编号不存在!')</script>");
28.             this.order_no_txtbox.Focus();
29.         }
30.     }
31.     else
32.     {
33.         this.GridView1.Visible=False;
34.         this.Panel1.Visible=False;
35.         Response.Write("<script>alert('请输入要查询的订单编号!')</script>");
36.         this.order_no_txtbox.Focus();
37.     }
38. }
```

【代码分析】
- 第 3 行:判断在接收订单编号的文本框中是否已经输入订单编号;
- 第 7 行:判断输入的订单编号是否存在;
- 第 11 行:将显示总金额文本框所在的 Panel 控件设置为可见;
- 第 15～20 行:计算总金额;
- 第 21 行:将计算出来的总金额赋给总金额文本框。

输入存在的订单编号查询结果如图 11-8 所示。

图 11-8　输入存在的订单编号查询结果

不输入订单号,直接查询运行结果如图 11-9 所示。

若输入不存在的订单编号,查询结果如图 11-10 所示。

图 11-9　没有输入订单编号直接查询结果　　图 11-10　输入不存在的订单编号的查询结果

课堂实践

1. 打开 OnlineShop 网站,设计"order_search.aspx"页面。
2. 完成订单查询功能。

单元小结

本单元主要学习了如下内容:
- 购物结算页面的设计;
- 详细订单记录的插入:将购物车中的数据插入到详细订单表;
- 订单的生成:自动生成订单编号,插入订单记录;
- 订单查询页面的设计;
- 订单查询功能的实现:根据输入的订单编号,查询出订单的详细信息及处理情况;
- 订单发送功能的实现:订单提交后可以根据用户的电子邮件地址发送订单信息到用户邮箱。

课外拓展

上机练习题

1. 设计一个 Web 页面,在此页面的左侧实现用户登录功能,右侧实现用户修改密码功能。

2. 设计一个 Web 页面,在一个 DropDownList 控件中显示学生数据表中所有学生的学号。当用户在该控件上选择一个学生的学号后,在其下方显示该学生的姓名、性别、出生日期、班级、注册日期和相片(提示:学生资料的文字信息用 Label 控件显示,照片用 Image 控件显示)。

3. 设计一个 Web 页面,该页面用于对"单项选择题"和"多项选择题"的测试。单项选择题使用 RadioButtonList 控件供用户作答;多项选择题使用 CheckBoxList 控件供用户作答。

4. 设计一个 Web 页面实现用户注册功能。用户的信息包括账号、姓名、性别、出生日期、通信地址、邮政编码、联系电话、Email、密码等。用户将信息提交到服务器保存之前,需要对各项数据进行非空、日期格式、邮编和 E-mail 格式等验证。

单元12 网上书店后台管理模块设计

学习目标

【知识目标】

- 掌握后台主页面的设计
- 掌握文件的上传
- 理解图书信息管理
- 掌握订单的处理

【技能目标】

- 能设计后台主页面
- 能熟练完成图书信息的增删改查功能
- 会处理订单信息

学习导航

本单元主要学习内容及在网上书店系统开发中的位置如图12-1所示。

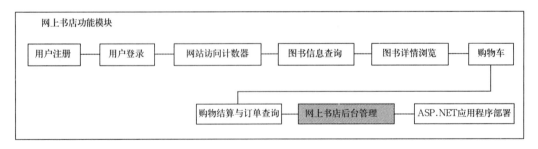

图 12-1 本单元学习导航

【项目展示】

后台登录页面如图12-2所示。

单元 12　网上书店后台管理模块设计

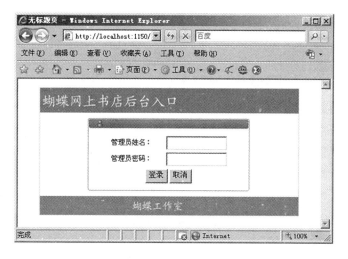

图 12-2　后台登录页面

后台主页面如图 12-3 所示。

图 12-3　后台主页面

图书信息修改页面如图 12-4 所示。

图 12-4　图书信息修改

订单处理页面如图 12-5 所示。

图 12-5　订单处理页面

任务 12-1　后台登录与管理主页面

12.1.1　后台登录页面

为了保证数据安全，必须通过身份验证之后才能进入后台做相应的操作。后台登录页面设计步骤如下：

（1）打开"ebook"网站。

（2）右击"解决方案资源管理器"中的项目名"ebook"，打开快捷菜单，然后选择"添加新项"选项，打开"添加新项"对话框。

（3）在"模板"列表中选择"Web 窗体"，在"名称"文本框中输入页面名"admin_login.aspx"，单击【添加】按钮就在项目中添加了一个新的窗体。

（4）设计后台登录页面，"admin_login.aspx"页面的最终设计效果如图 12-6 所示。

图 12-6　后台管理页面设计的最终效果

【登录】按钮 Click 事件的代码如下：

```
1.  protected void btnLogin_Click(object sender, EventArgs e)
2.  {
3.      String Md5_User_Pwd = FormsAuthentication.HashPasswordForStoringInConfigFile(this.txt_User_Pwd.Text.ToString(), "MD5");
```

```
4.      SqlStr="select * from 管理员表 where 用户名='"+this.txt_User_Name.Text+"' and 密
        码='"+Md5_User_Pwd+"'";
5.      Ds=db.GetDataTableBySql(SqlStr);
6.      try
7.      {
8.          if(Ds.Tables[0].Rows.Count==0)
9.          {
10.             Response.Write("<script>alert('用户名或密码错误,请重试!')</script>");
11.             this.txt_User_Name.Focus();
12.         }
13.         else
14.         {
15.             Session["UserName"]=this.txt_User_Name.Text;
16.         }
17.         Response.Write("<script>window.location.href='admin_index.aspx';</script>");
18.     }
19.     catch(Exception)
20.     {
21.         Response.Write("<script>alert('没有得到任何数据,请重试!')</script>");
22.     }
23. }
```

【代码分析】
- 第 3 行:将密码进行 MD5 加密;
- 第 17 行:用户登录成功之后进入后台管理主页"admin_index.aspx",此页的设计在后面介绍。

【取消】按钮就是将两个文本框的内容清空。

12.1.2 后台管理主页面

后台管理主页面是进入后台管理的入口,其设计效果如图 12-7 所示。

图 12-7 后台管理主页面

后台管理主页面的左边为导航区,右边为浮动框架,用来显示各个后台管理页面的内容。

【提示】

• 后台管理可以分为不同权限,对不同的管理操作只有具有相应权限的管理员才能进行,这里考虑篇幅的问题就不再介绍,请读者查阅相关资料进行学习。

课堂实践

1. 打开 OnlineShop 网站,添加一个新的 Web 窗体"admin_login.aspx"。
2. 设计后台登录窗体。
3. 完成后台登录功能。
4. 设计后台管理主页面。

任务 12-2　图书管理模块

图书信息管理模块是网上书店后台管理中的一个主要功能模块,主要包括图书信息的新增、修改、删除和查询。

12.2.1　图书信息的新增功能

当有新的图书出版时,在网上书店上要进行显示,这就需要一个图书信息新增功能,图书信息新增页面设计过程如下:

(1)打开"ebook"网站。

(2)右击"解决方案资源管理器"中的项目名"ebook",打开快捷菜单,然后选择"添加新项"选项,打开"添加新项"对话框。

(3)在"模板"列表中选择"Web 窗体",在"名称"文本框中输入页面名"admin_book_add.aspx",单击【添加】按钮就在项目中添加了一个新的窗体。

(4)设计图书信息新增页面,其最终设计效果如图 12-8 所示。

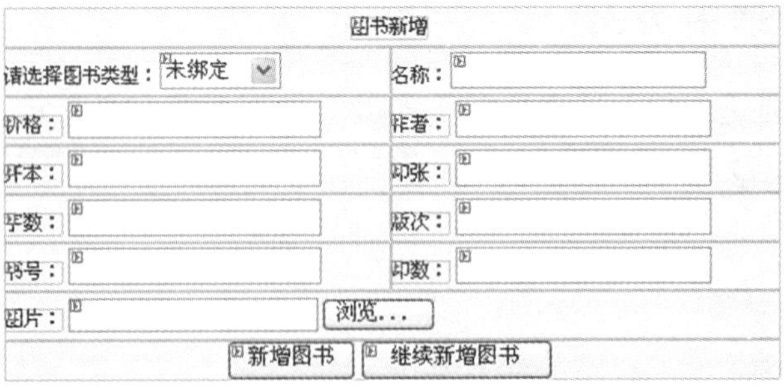

图 12-8　图书信息新增页面

1. 图书信息新增页面初始化事件

图书信息新增页面的初始化事件代码如下:

```
1.    void BookType_DataBind()
2.    {
3.        SqlStr="select * from 图书类型表";
4.        Ds=db.GetDataTableBySql(SqlStr);
```

```
5.      try
6.      {
7.          string booktype_name;
8.          for(int i=0;i<Ds.Tables[0].Rows.Count;i++)
9.          {
10.             booktype_name=Ds.Tables[0].Rows[i][1].ToString();
11.             DropDownList_BookType.Items.Add(booktype_name);
12.         }
13.     }
14.     catch(Exception)
15.     {
16.         Response.Write("<script>alert('没有获得数据!')</script>");
17.     }
18. }
19. protected void Page_Load(object sender,EventArgs e)
20. {
21.     if(Page.IsPostBack==False)
22.     {
23.         Session["Username"]="admin";
24.         if(Session["Username"]!=null)
25.         {
26.             BookType_DataBind();
27.         }
28.         else
29.         {
30.             Response.Redirect("Error.aspx");
31.         }
32.     }
33. }
```

【代码分析】

- 第1~18行:定义绑定图书类型的方法;其中第11行是将图书类型添加到下拉列表控件中。

2. 文件上传

文件上传是后台管理中的一个重要模块,很多系统的后台管理都要用到文件上传功能。网上书店中每一本图书都有一个图片,这个图片如何上传呢?从前面的数据库介绍可以知道,在图书表中图片字段只是存放一个路径,而不是图片的内容,那么在新增图书记录时图片字段也只能是一个路径,那图片怎么办?此处可利用文件上传功能将其上传到指定的位置。文件上传的关键要得到文件上传到的位置与文件类型即扩展名。在【新增图书】按钮的 Click 事件过程中添加以下代码,实现文件上传功能。

```
1.  string path_file=FileUpload_Image.PostedFile.FileName.ToString();
2.  string file_type=path_file.Substring(path_file.LastIndexOf("."));
```

3. string file_name=DateTime.Now.Year.ToString()+DateTime.Now.Month.ToString()+DateTime.Now.Day.ToString()+DateTime.Now.Hour.ToString()+DateTime.Now.Minute.ToString()+DateTime.Now.Second.ToString();
4. full_name=file_name+file_type;
5. string path=Server.MapPath("image\\")+full_name;
6. FileUpload_Image.SaveAs(path);

【代码分析】
- 第1行：获取要上传文件的路径；
- 第2行：获取要上传文件的类型；
- 第3行：根据系统的时间生成上传文件的名称；
- 第4行：生成上传文件的全名称；
- 第5行：获取文件要上传到的位置；
- 第6行：上传文件。

3. 图书新增功能的实现

图书新增功能就是将图书信息插入到图书表中，其代码如下：

```
1.  protected void btn_Ok_Click(object sender, EventArgs e)
2.  {
3.      if(Session["Username"]!=null)
4.      {
5.          try
6.          {
7.              string path_file=FileUpload_Image.PostedFile.FileName.ToString();
8.              string file_type=path_file.Substring(path_file.LastIndexOf("."));
9.              string file_name=DateTime.Now.Year.ToString()+DateTime.Now.Month.ToString()+DateTime.Now.Day.ToString()+DateTime.Now.Hour.ToString()+DateTime.Now.Minute.ToString()+DateTime.Now.Second.ToString();
10.             full_name=file_name+file_type;
11.             string path=Server.MapPath("image\\")+full_name;
12.             FileUpload_Image.SaveAs(path);
13.         }
14.         catch(Exception)
15.         {
16.             Response.Write("<script>alert('上传文件失败!')</script>");
17.         }
18.         SqlStr="select * from 图书类型表 where 类型名='"+DropDownList_BookType.Text.Trim()+"'";
19.         Ds=db.GetDataTableBySql(SqlStr);
20.         string type_id=Ds.Tables[0].Rows[0][0].ToString();
21.         string image_path="image\\"+full_name;
22.         SqlStr="insert into 图书表(类型编号,图书名,价格,作者,开本,印张,字数,版次,书号,印数,图片)"
                +"values('"+type_id+"','"+TextBox_BookName.Text+"','"+TextBox_BookPrice.Text+"',"
```

```
              +"'"+TextBox_BookAuthor.Text+"','"+TextBox_Book_kaibeng.Text+"',"
              +"'"+TextBox_Book_Printer.Text+"','"+TextBox_BookCount.Text+"',"
              +"'"+TextBox_Book_banci.Text+"','"+TextBox_Book_ISBN.Text+"',"
              +"'"+TextBox_Book_yinshu.Text+"','"+image_path+"')";
23.        try
24.        {
25.            if(db.UpdateDataBySql(SqlStr))
26.            {
27.                Response.Write("<script>alert('图书新增成功!')</script>");
28.            }
29.            else
30.            {
31.                Response.Write("<script>alert('图书新增失败!')</script>");
32.            }
33.        }
34.        catch(Exception)
35.        {
36.            Response.Write("<script>alert('图书新增失败')</script>");
37.        }
38.    }
39.    else
40.    {
41.        Response.Redirect("Error.aspx");
42.    }
43. }
```

【代码分析】
- 第18~20行:根据选择的图书类型获得图书类型编号;
- 第21行:设置存储在数据库中的图片路径;
- 第22行:定义插入图书信息的SQL语句。

图书新增页面浏览结果如图12-9所示。

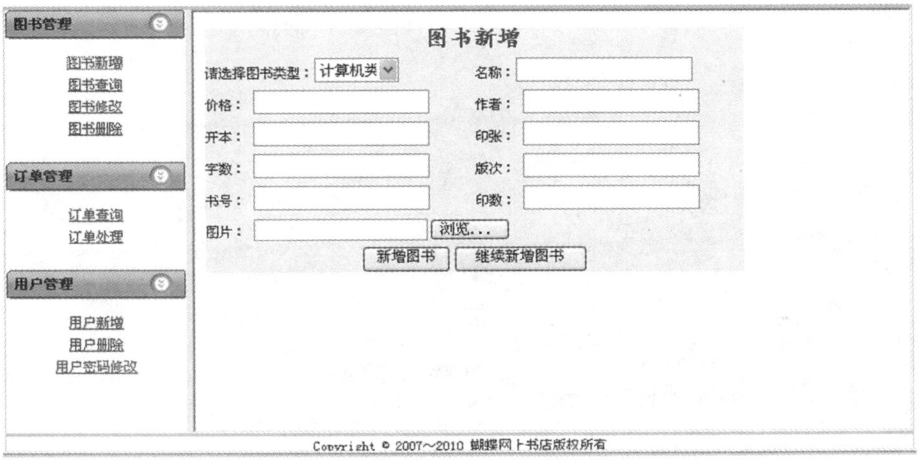

图12-9 图书新增页面浏览结果

12.2.2 图书信息的修改功能

在上传图书时不小心把数据填写错误,那么就需要对其修改,因此图书信息修改在网上书店的后台管理中也是一个非常重要的功能。图书信息修改页面设计如图 12-10 所示。

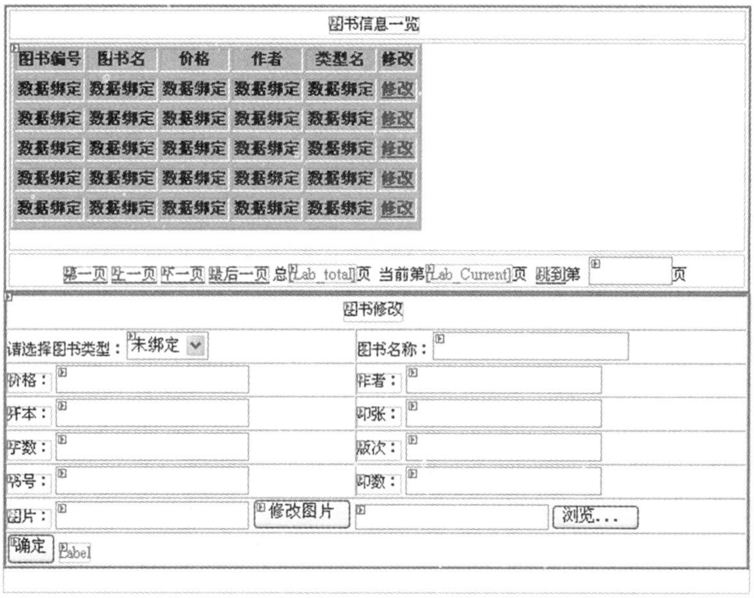

图 12-10 图书信息修改页面

在图书信息修改页面上将图书修改部分的内容放在一个 Panel 控件中,只有当单击【修改】按钮时才显示图书修改部分的内容,具体设计请读者查阅"ebook"项目的相应代码。接下来介绍其功能的具体实现。

1. 公共方法

为了减少代码编辑量,定义以下几种公共方法,具体代码如下:

```
1.   String SqlStr;
2.   DB db=new DB();
3.   DataSet Ds=new DataSet();
4.   String full_name;
5.   int PageSize;              //每页条数
6.   int RecordCount;           //总条数
7.   int PageCount;             //总页数
8.   int CurrentPage;           //当前页数
9.   //绑定图书类型方法
10.  public void BookType_DataBind()
11.  {
12.      SqlStr="select 类型名 from 图书类型表";
13.      Ds=db.GetDataTableBySql(SqlStr);
14.      try
15.      {
16.          for(int i=0;i<Ds.Tables[0].Rows.Count;i++)
17.          {
```

```
18.              DropDownList_BookType.Items.Add(Ds.Tables[0].Rows[i][1].ToString());
19.          }
20.      }
21.      catch(Exception)
22.      {
23.          Response.Write("<script>alert('没在获得任何数据!')</script>");
24.      }
25. }
26. //绑定数据方法
27. public void DataListBind()
28. {
29.      try
30.      {
31.          int StartIndex=CurrentPage * PageSize;    //设定导入的起终地址
32.          String SqlStr="select * from 图书信息视图";
33.          DataSet Ds=new DataSet();
34.          SqlConnection con=new SqlConnection();
35.          con.ConnectionString=db.GetConnectionString();
36.          con.Open();
37.          SqlDataAdapter Da=new SqlDataAdapter(SqlStr,con);
38.          Da.Fill(Ds,StartIndex,PageSize,"图书信息视图");
39.          this.DataList1.DataSource=Ds.Tables["图书信息视图"].DefaultView;
40.          this.DataList1.DataBind();
41.          this.PreviousLB.Enabled=True;
42.          this.NextLB.Enabled=True;
43.          if(CurrentPage==(PageCount-1))
44.              this.NextLB.Enabled=False;        //当为最后一页时,下一页链接按钮不可用
45.          if(CurrentPage==0)
46.              this.PreviousLB.Enabled=False;    //当为第一页时,上一页按钮不可用
47.          this.Lab_Current.Text=(CurrentPage+1).ToString();  //当前页数
48.      }
49.      catch(Exception ex)
50.      {
51.          throw new Exception(ex.Message);
52.      }
53. }
54. //定义分页事件
55. public void LinkButton_Click(Object sender,CommandEventArgs e)
56. {
57.      CurrentPage=(int)ViewState["PageIndex"];    //获得当前页索引
58.      PageCount=(int)ViewState["PageCount"];      //获得总页数
59.      string cmd=e.CommandName;
60.      //判断cmd,以判定翻页方向
61.      switch(cmd)
62.      {
```

```
63.         case "prev"://上一页
64.             if(CurrentPage>0)
65.                 CurrentPage--;
66.             break;
67.         case "next":
68.             if(CurrentPage<(PageCount-1))
69.                 CurrentPage++;//下一页
70.             break;
71.         case "first"://第一页
72.             CurrentPage=0;
73.             break;
74.         case "end"://最后一页
75.             CurrentPage=PageCount-1;
76.             break;
77.         case "jump"://跳转到第几页
78.             //如果输入数字为空或超出范围则返回
79.             if(this.TextBox1.Text.Trim()=="" || Int32.Parse(this.TextBox1.Text.Trim())>PageCount)
80.             {
81.                 return;
82.             }
83.             else
84.             {
85.                 CurrentPage=Int32.Parse(this.TextBox1.Text.ToString())-1;
86.                 break;
87.             }
88.     }
89.     ViewState["PageIndex"]=CurrentPage;//获得当前页
90.     this.DataListBind();//重新绑定 DataList
91. }
```

【代码分析】
- 第 1～8 行:定义公共变量;
- 第 10～25 行:定义将图书类型绑定到 DropDownList 控件的方法;
- 第 27～53 行:定义将数据绑定到 DataList 控件的方法;
- 第 38 行:填充数据到数据集,语句"Da.Fill(Ds,StartIndex,PageSize,"图书信息视图")"中第一个参数 Ds 为数据集,第二个参数 StartIndex 为记录开始值,第三个参数 PageSize 为每页的最大记录数,第四个参数"图书信息视图"为表名;
- 第 55～91 行:定义分页事件。

2. 页面初始化事件

图书信息修改页面的初始化事件代码如下:

```
1. protected void Page_Load(object sender, EventArgs e)
2. {
3.     PageSize=10;                    //每页为10条记录
```

```
4.      if(! Page.IsPostBack)
5.      {
6.          CurrentPage=0;                              //当前页设为0
7.          ViewState["PageIndex"]=0;                   //页索引设为0
8.          //获取总共有多少条记录
9.          SqlStr="select count(*) as count from 图书表";
10.         Ds=db.GetDataTableBySql(SqlStr);
11.         if(Ds.Tables[0].Rows.Count!=0)
12.         {
13.             RecordCount=int.Parse(Ds.Tables[0].Rows[0]["count"].ToString());
14.         }
15.         else
16.         {
17.             RecordCount=0;
18.         }
19.         //计算总共有多少页
20.         if(RecordCount % PageSize==0)
21.         {
22.             PageCount=RecordCount/PageSize;
23.         }
24.         else
25.         {
26.             PageCount=RecordCount/PageSize+1;
27.         }
28.         this.Lab_total.Text=PageCount.ToString();    //显示总页数
29.         ViewState["PageCount"]=PageCount;
30.         this.Lab_info.Visible=False;                 //暂不显示提示信息
31.         BookType_DataBind();                         //对图书类型进行动态绑定
32.         DataListBind();                              //对DataList控件进行绑定
33.     }
34. }
```

【代码分析】

- 第3行:设定每页显示的记录数;
- 第20~27行:计算一共有多少页。

3. DataList 控件中【修改】按钮事件

DataList 控件中【修改】按钮事件就是触发 DataList 控件中 UpdateCommand 事件,它主要完成将要修改的图书相关信息显示在相应控件,并设置 Panel 控件为可见,其具体代码如下:

```
1.  protected void DataList1_UpdateCommand(object source, DataListCommandEventArgs e)
2.  {
3.      LinkButton btn=(LinkButton)DataList1.Items[e.Item.ItemIndex].FindControl("update_
        book");
4.      Session["book_id"]=btn.ToolTip;
```

```
5.      SqlStr="select * from 图书表 where 图书编号='"+Session["book_id"]+"'";
6.      Ds=db.GetDataTableBySql(SqlStr);
7.      if(Ds.Tables[0].Rows.Count!=0)
8.      {
9.          this.txb_BookName.Text=Ds.Tables[0].Rows[0][2].ToString();
10.         this.txb_BookPrice.Text=Ds.Tables[0].Rows[0][3].ToString();
11.         this.txb_BookAuthor.Text=Ds.Tables[0].Rows[0][4].ToString();
12.         this.txb_Book_kaibeng.Text=Ds.Tables[0].Rows[0][5].ToString();
13.         this.txb_Book_Printer.Text=Ds.Tables[0].Rows[0][6].ToString();
14.         this.txb_BookCount.Text=Ds.Tables[0].Rows[0][7].ToString();
15.         this.txb_Book_banci.Text=Ds.Tables[0].Rows[0][8].ToString();
16.         this.txb_Book_ISBN.Text=Ds.Tables[0].Rows[0][9].ToString();
17.         this.txb_Book_yinshu.Text=Ds.Tables[0].Rows[0][10].ToString();
18.         this.txb_image.Text=Ds.Tables[0].Rows[0][11].ToString();
19.         Session["booktype_id"]=Ds.Tables[0].Rows[0][1].ToString();
20.         Panel1.Visible=True;
21.     }
22.     //获取类型编号相应的类型名
23.     SqlStr="select 类型名 from 图书类型表 where 类型编号='"+Session["booktype_id"]+"'";
24.     Ds=db.GetDataTableBySql(SqlStr);
25.     if(Ds.Tables[0].Rows.Count!=0)
26.     {
27.         //作为第一项添加到 DropdownList 中去
28.         DropDownList_BookType.Items.Insert(0,Ds.Tables[0].Rows[0]["类型名"].ToString().Trim());
29.     }
30.     else
31.     {
32.         this.Lab_info.Text="没有这种图书类型,请重新输入!!";
33.         return;
34.     }
35. }
```

【代码分析】

- 第3行:获取 DataList 控件中的 LinkButton 控件;
- 第7~21行:将要修改的图书相关信息绑定到相应控件。

4. 实现修改图书信息事件

图书信息修改事件就是将图书修改之后的信息保存到图书表,其具体代码如下:

```
1. protected void btn_Ok_Click(object sender, EventArgs e)
2. {
3.      String image_path;
4.      if(FileUpload_Image.PostedFile.ContentLength!=0)
5.      {
```

6.   try
7.   {
8.   String path_file=FileUpload_Image.PostedFile.FileName.ToString();
9.   String file_type=path_file.Substring(path_file.LastIndexOf("."));
10.   String file_name=DateTime.Now.Year.ToString()+DateTime.Now.Month.ToString()+DateTime.Now.Day.ToString()+DateTime.Now.Hour.ToString()+DateTime.Now.Minute.ToString()+DateTime.Now.Second.ToString();
11.   full_name=file_name+file_type;
12.   String path=Server.MapPath("image\\")+full_name;
13.   FileUpload_Image.SaveAs(path);
14.   }
15.   catch(Exception)
16.   {
17.   Response.Write("<script>alert('上传文件失败!')</script>");
18.   }
19.   image_path="image\\"+full_name;
20. }
21. else
22.   image_path=txb_image.Text.Trim();
23. SqlStr="select 类型编号 from 图书类型表 where 类型名='"+DropDownList_BookType.Text+"'";
24. Ds=db.GetDataTableBySql(SqlStr);
25. if(Ds.Tables[0].Rows.Count!=0)
26. {
27.   Session["booktype_id"]=Ds.Tables[0].Rows[0]["类型编号"].ToString();
28. }
29. else
30. {
31.   this.Lab_info.Text="出错";
32.   return;
33. }
34. SqlStr="update 图书表 set 类型编号='"+Session["booktype_id"]+"',图书名='"+txb_BookName.Text.Trim()+"'"
+",价格='"+txb_BookPrice.Text.Trim()+"',作者='"+txb_BookAuthor.Text.Trim()+"'"
+",开本='"+txb_Book_kaibeng.Text.Trim()+"'"
+",印张='"+txb_Book_Printer.Text.Trim()+"',版次='"+txb_Book_banci.Text.Trim()+"'"
+",书号='"+txb_Book_ISBN.Text.Trim()+"',印数='"+txb_Book_yinshu.Text.Trim()+"'"
+",图片='"+image_path.Trim()+"' where 图书编号='"+Session["book_id"]+"'";

```
35.     if(db.UpdateDataBySql(SqlStr))
36.     {
37.         this.Lab_info.Visible=True;
38.         this.Lab_info.Text="修改数据成功!";
39.     }
40.     else
41.     {
42.         this.Lab_info.Visible=True;
43.         this.Lab_info.Text="修改数据失败!";
44.         return;
45.     }
46.     DataListBind();
47. }
```

【代码分析】

- 第 4 行:判断上传的文件是否为空;
- 第 8 行:获取上传文件路径;
- 第 9 行:获取上传文件类型;
- 第 10 行:根据日期与时间生成主文件名。

图书信息修改页面初始浏览效果如图 12-11 所示。

图 12-11　图书信息修改初始页面

单击图书编号为"10023"记录后面的【修改】按钮后,图书信息修改页面浏览效果如图 12-12 所示。

◀)【提示】

- 在后台管理中的图书信息管理模块中还有图书查询和图书删除功能,这里就不再一一介绍了,请读者自学。

图 12-12　修改图书信息页面

课堂实践

1. 打开 OnlineShop 网站，添加一个新的 Web 窗体"admin_product_add.aspx"。
2. 设计产品新增页面，并完成新增功能。
3. 添加一个新的 Web 窗体"admin_product_update.aspx"。
4. 设计产品信息修改页面，并完成产品信息修改功能。

任务 12-3　订单管理模块

订单管理模块是网上书店后台管理中的一个重要模块，主要是对用户订单的处理。

12.3.1　订单查询功能

后台的订单查询功能主要是为了帮助管理员了解订单处理情况，当用户对订单处理情况有异议时，管理员可以通过用户提供的订单编号快速地查询到该订单的处理情况。订单查询页面设计如图 12-13 所示。

图 12-13　订单查询页面设计

订单查询页面功能的具体实现这里就不再介绍了,请读者参考"ebook"项目自行学习。订单查询页面运行结果如图 12-14 所示。

图 12-14　订单查询页面运行结果

12.3.2　订单处理功能

后台管理员根据用户的支付情况对订单进行处理,如果用户已经支付,则将订单是否发货的状态改为发货状态。在订单处理页面中管理员可以对单个订单进行处理,也可以对批量的订单进行处理,将要处理的订单后面的复选框选中,再单击【发货处理】按钮对订单进行发货处理。订单处理页面的设计效果如图 12-15 所示。

1. 数据绑定公共方法

为了减少代码的编辑工作量,特定义将数据绑定到 DataList 控件的方法,其代码如下:

```
1.  public void DatalistBind()
2.  {
3.      SqlStr="select 订单编号,购物会员,convert(varchar,订单日期,112) as 订单日期,发货方
            式,付款方式,总金额,是否发货,备注 from 订单表 where 是否发货='False'";
4.      Ds=db.GetDataTableBySql(SqlStr);
5.      try
6.      {
7.          if(Ds.Tables[0].Rows.Count!=0)
8.          {
9.              DataList1.DataSource=Ds.Tables[0].DefaultView;
10.             DataList1.DataBind();
11.         }
12.         else
```

图 12-15　订单处理页面设计

```
13.         {
14.             Response.Write("没有相关数据!");
15.         }
16.     }
17.     catch(Exception)
18.     {
19.         Response.Write("<script>alert('查询出现异常!')</script>");
20.     }
21. }
```

2. 订单处理页面初始化事件

订单处理页面主要判断用户是否登录,若登录则将数据绑定到 DataList 控件,否则显示提示用户登录页,订单处理页面的初始化事件代码如下:

```
1. protected void Page_Load(object sender, EventArgs e)
2. {
3.     if(IsPostBack==False)
4.     {
5.         Session["Username"]="admin";
6.         if(Session["Username"]!=null)
7.         {
8.             DatalistBind();
9.         }
```

```
10.        else
11.        {
12.            Response.Redirect("Error.aspx");
13.        }
14.    }
15. }
```

3. 修改订单状态事件

修改订单状态就是将原来没发货的订单根据客户支付情况进行发货处理，功能实现的思路是管理员可以对某一个订单进行发货，为了提高管理员的工作效率，也可以允许管理员进行批量处理订单进行发货，【发货处理】按钮的事件代码如下：

```
1. protected void btn_OK_Click(object sender, EventArgs e)
2. {
3.     for(int i=0;i<DataList1.Items.Count;i++)
4.     {
5.         CheckBox checkbox=(CheckBox)DataList1.Items[i].FindControl("deal_order");
6.         if(checkbox.Checked==True)
7.         {
8.             SqlStr="update 订单表 set 是否发货='True' where 订单编号='"+checkbox.ToolTip+"'";
9.             bool updateResult=db.UpdateDataBySql(SqlStr);
10.        }
11.    }
12.    DatalistBind();
13. }
```

【代码分析】

- 第5行：获取绑定在DataList控件模板上的复选框控件；
- 第6~10行：判断获取的复选框是否被选中，若选中则进行发货处理；
- 第12行：重新绑定数据。

对于【订单查询】按钮的事件在这里就不再介绍了，读者可以通过"ebook"项目进行自学。

【提示】

- 在项目中可能还要对订单进行删除等操作，这里只介绍对订单处理的重点内容，其他功能请读者自己思考完成。

课堂实践

1. 打开OnlineShop网站，添加一个新的Web窗体"admin_order_search.aspx"。
2. 设计订单查询页面，并完成订单查询功能。
3. 添加一个新的Web窗体"admin_order_deal.aspx"。
4. 设计订单处理页面，并完成订单处理功能。

单元小结

本单元主要学习了如下内容：
- 后台登录管理：管理员通过后台登录后，可以对后台管理功能做相应操作；
- 文件上传：将客户端的文件上传到服务器；
- 图书新增：出版新的图书后可以通过后台管理功能中的图书新增功能将图书信息添加到系统，供客户选择；
- 图书信息修改：可以将存在错误的图书信息进行修改；
- 发货处理：根据客户支付情况对相应订单的状态进行改变。

课外拓展

选择题

1. 假设在数据集中"数量"是第 5 个字段，下面（　　）能得到第 3 条记录的数量。
   A. Ds. Tables[0]. Rows[3][4]. ToString()
   B. Ds. Tables[0]. Rows[2][4]. ToString()
   C. Ds. Tables[0]. Rows[2][5]. ToString()
   D. Ds. Tables[0]. Rows[3][5]. ToString()

2. 在下面的控件属性中，（　　）属性可以控制控件是否可以显示。
   A. AutoPostBack　　　　　　　B. Visible
   C. ReadOnly　　　　　　　　　D. Enabled

3. 下面的描述中正确的是（　　）。
   A. Panel 控件可以实现对一个控件的显示与隐藏控制，不能对多个控件进行操作
   B. 一个按钮的单击事件过程只能对一张表进行操作
   C. 在 SQL 的插入语句中字符串可以直接插入到数据类型为 Money 的字段中
   D. 一个数值型数据与一个字符型数据用"＋"连接时默认的是进行算术运算

4. 如果修改图书信息的 SQL 语句如下：
   update 图书表 set 图书编号='"+This. modbookidtxtbox. Text+"' 图书名='"
   +This. modnametxtbox. Text+"',印数='"+This. modcounttxtbox. Text+"',版次='"
   +This. modeditiontxtbox. Text+"',开本='"+This. modkbtxtbox. Text+"' 价格=
   convert(money,'"+This. txtboxpric. Text+"'),字数='"+This. modwordtxtbox. Text
   +"',作者='"+This. modwritertxtbox. Text+"',印张='"+This. modyztxtbox. Text
   +"',图片='"+This. modimgtxtbox. Text+"'

   执行时会出现（　　）结果。
   A. 成功修改记录　　　　　　　B. 只修改一条记录
   C. 修改所有记录　　　　　　　D. 不会修改记录，执行出错

参考文献

[1] 李德奇. ASP. NET 程序设计. 北京:人民邮电出版社,2007
[2] 陈承欢,宁云智. Web 程序设计案例教程. 北京:清华大学出版社,2008
[3] 杨帆,赵义霞. ASP. NET 技术与应用. 北京:高等教育出版社,2004
[4] 苏英如. ASP. NET 编程技术与交互式网页设计. 北京:中国水利水电出版社,2004
[5] 付磊. ASP. NET 编程实用教程. 北京:北京希望电子出版社,2002
[6] Microsoft 公司. MS Visual Studio. NET 培训手册,2003
[7] 廖信彦. ASP. NET 交互式 Web 数据库程序设计. 北京:中国铁道出版社,2003
[8] 飞思科技产品研发中心. ASP. NET 应用开发指南. 北京:电子工业出版社,2002
[9] 王国荣. ASP. NET 网页制作教程. 武汉:华中科技大学出版社,2003
[10] Buczek G 著. ASP. NET 开发人员指南. 康博译. 北京:清华大学出版社,2002
[11] 桂思强. ASP. NET 与数据库程序设计. 北京:中国铁道出版社,2002
[12] G. Andrew Duthie. ASP. NET 程序设计. 北京:清华大学出版社,2002
[13] 张景峰. ASP. NET 程序设计教程. 北京:中国水利水电出版社,2003
[14] 郑阿奇. ASP. NET 实用教程. 北京:电子工业出版社,2004